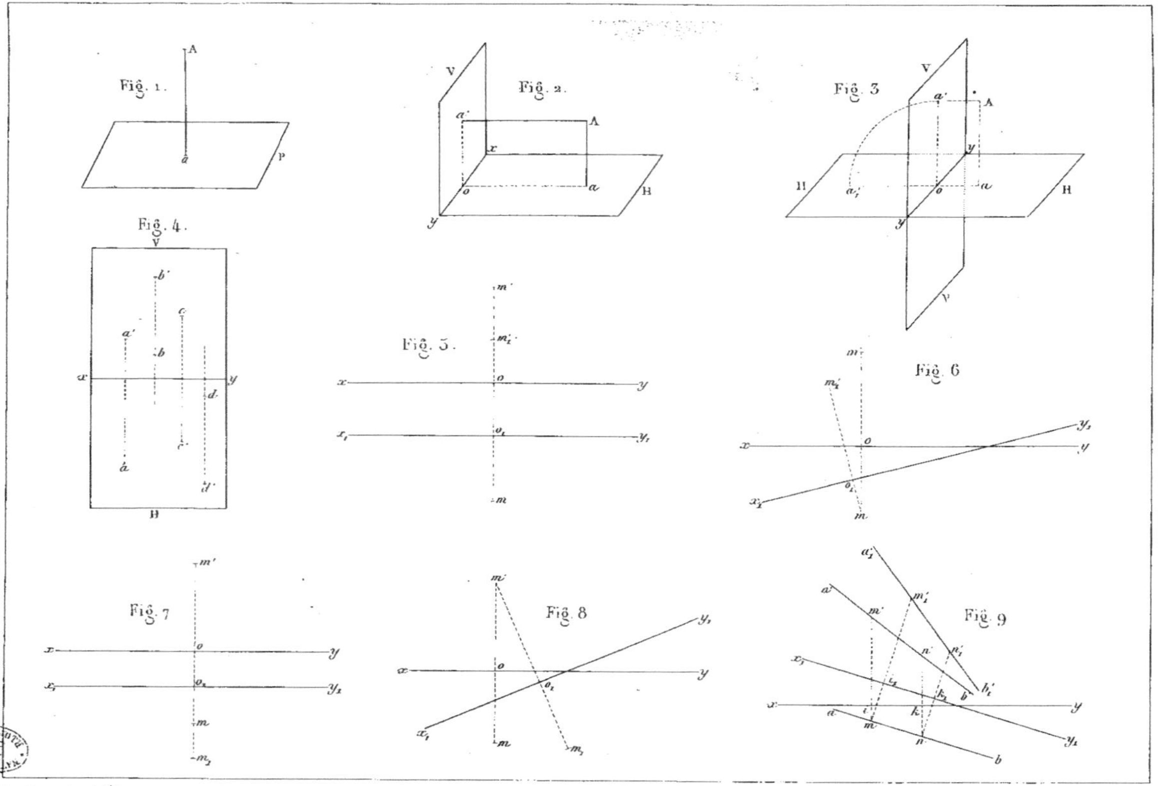

Fig. 1.

Fig. 2.

Fig. 3

Fig. 4.

Fig. 5.

Fig. 6

Fig. 7

Fig. 8

Fig. 9

Imp. Lemercier et Cie

Victor Masson et Fils

P. Pérol.

Fig. 10.

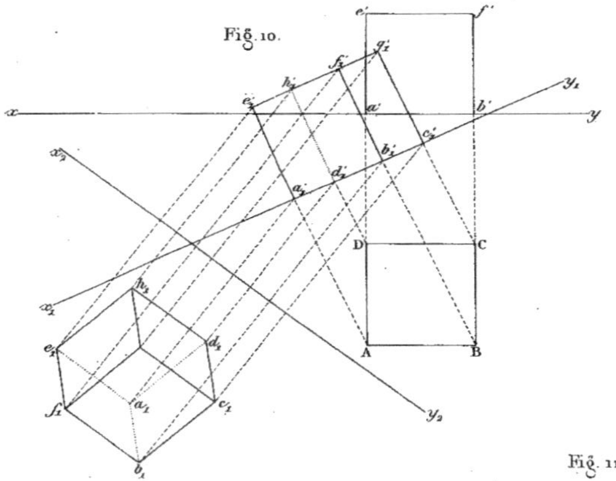

Fig. 12.

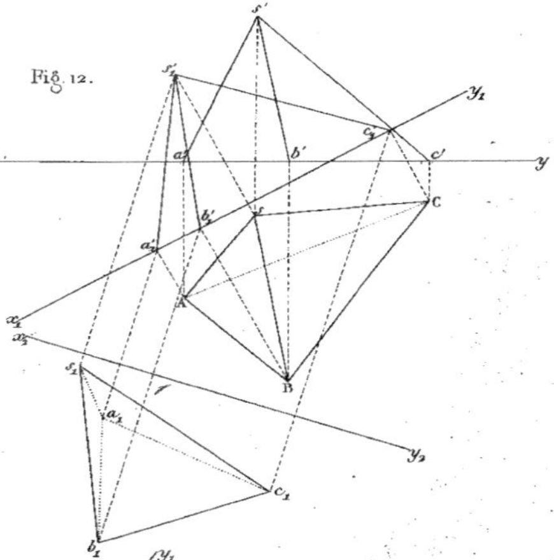

Fig. 11.

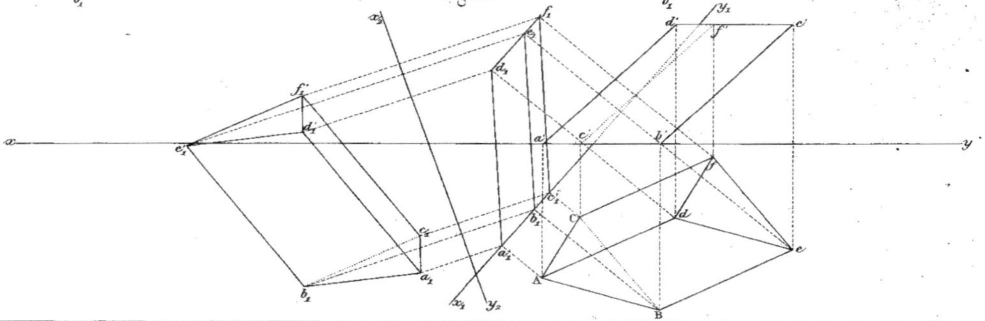

Imp. Lemercier et Cie

Victor Masson et Fils

R. Pérot

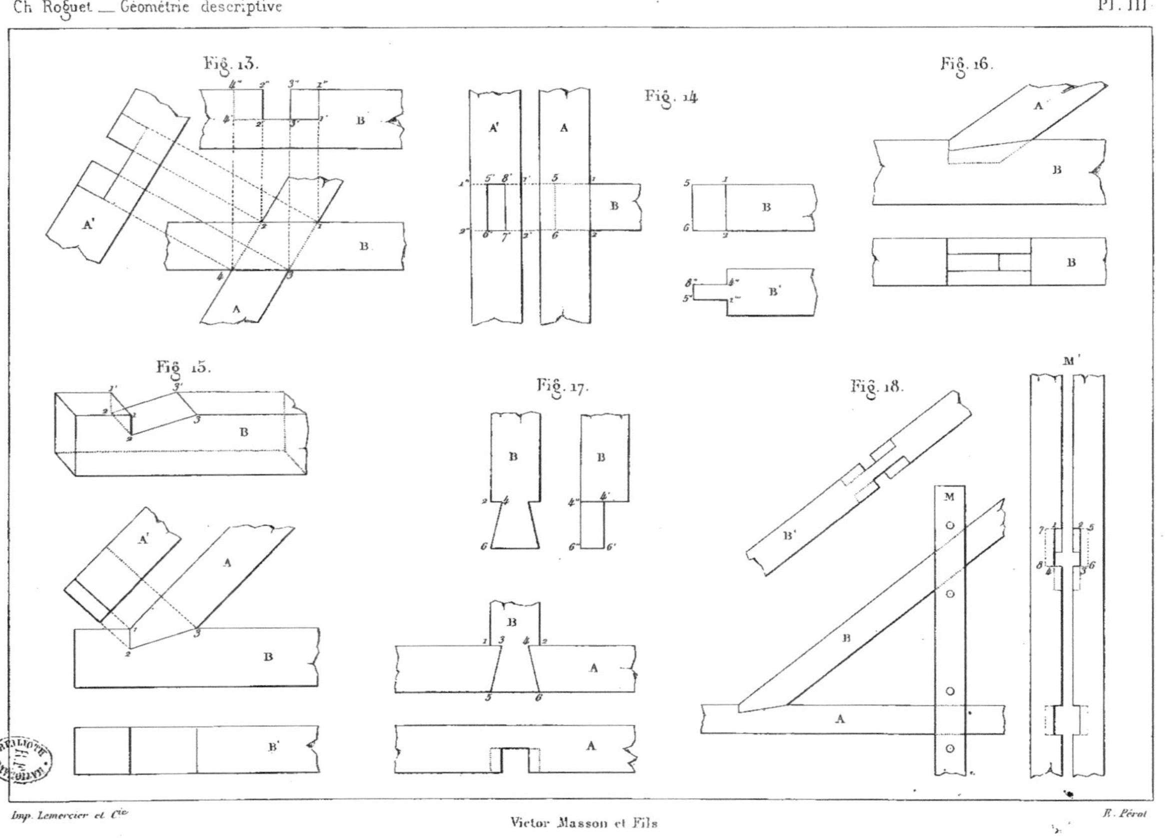

Imp. Lemercier et Cie

Victor Masson et Fils

R. Pérot

Fig. 19.

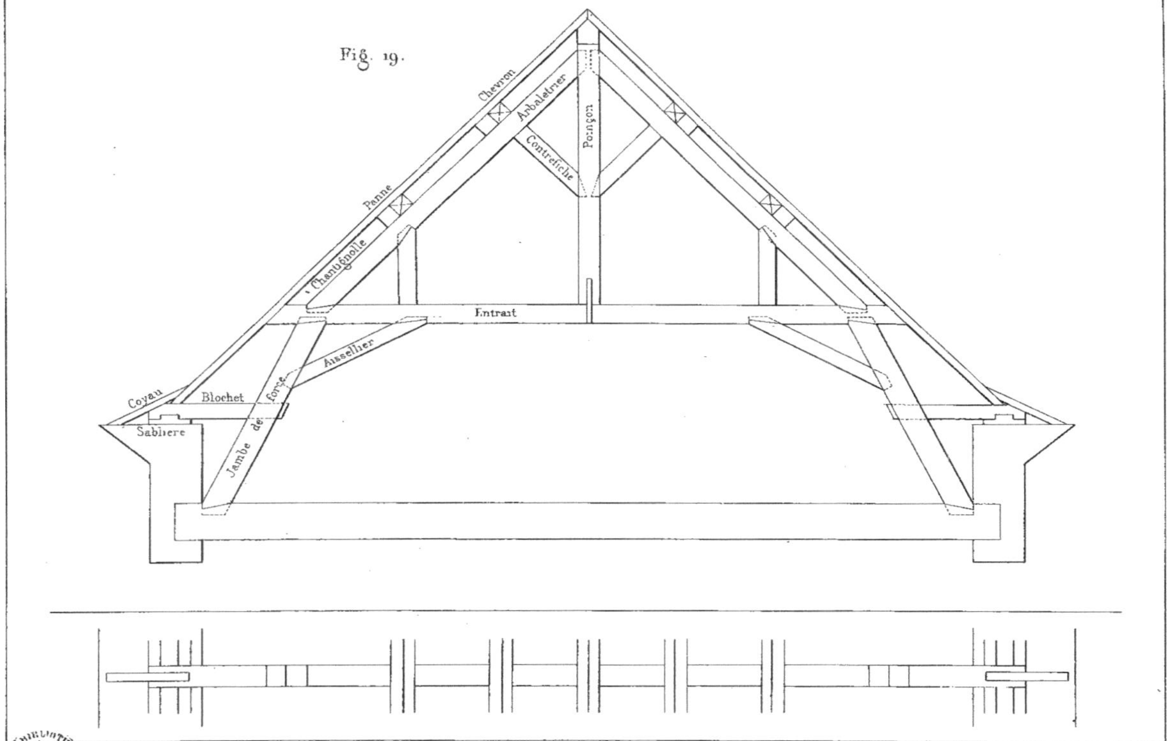

Victor Masson et Fils

Fig. 20

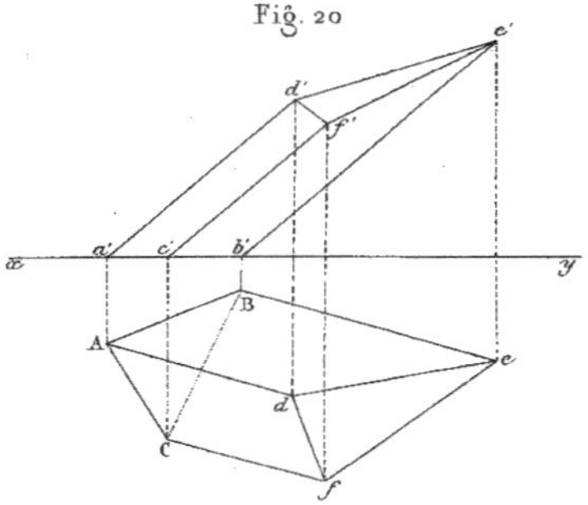

Fig. 21.

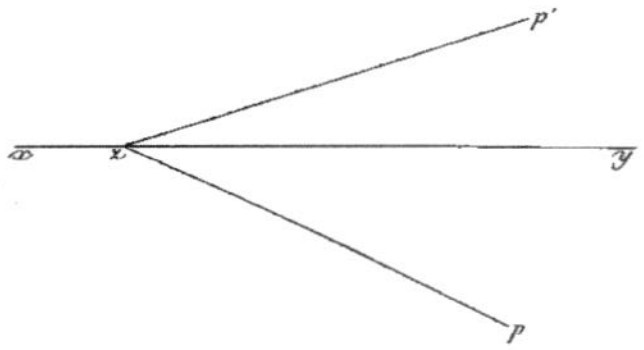

Fig. 22.

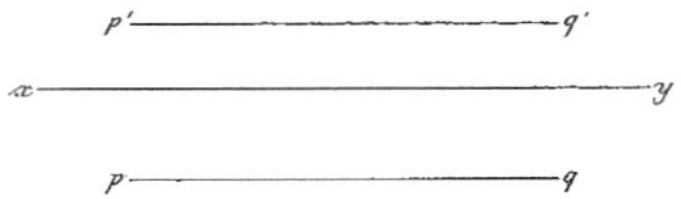

Fig. 23

Fig. 24.

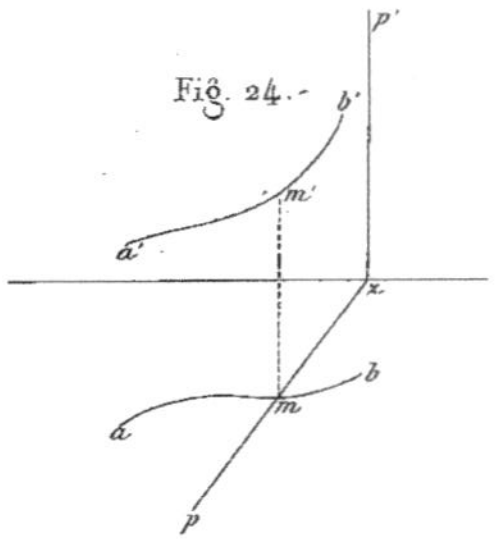

Fig. 25.

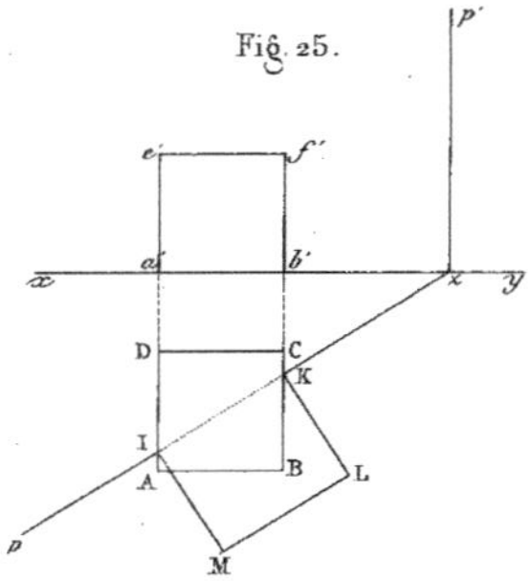

Fig. 26

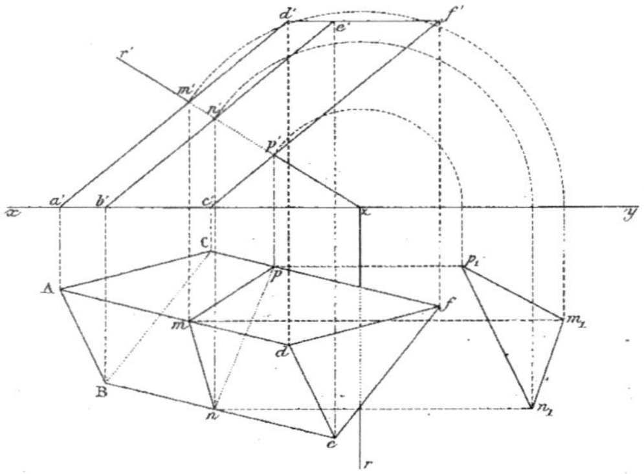

Imp. Lemercier et Cie

Victor Masson et Fils

R. Pérot

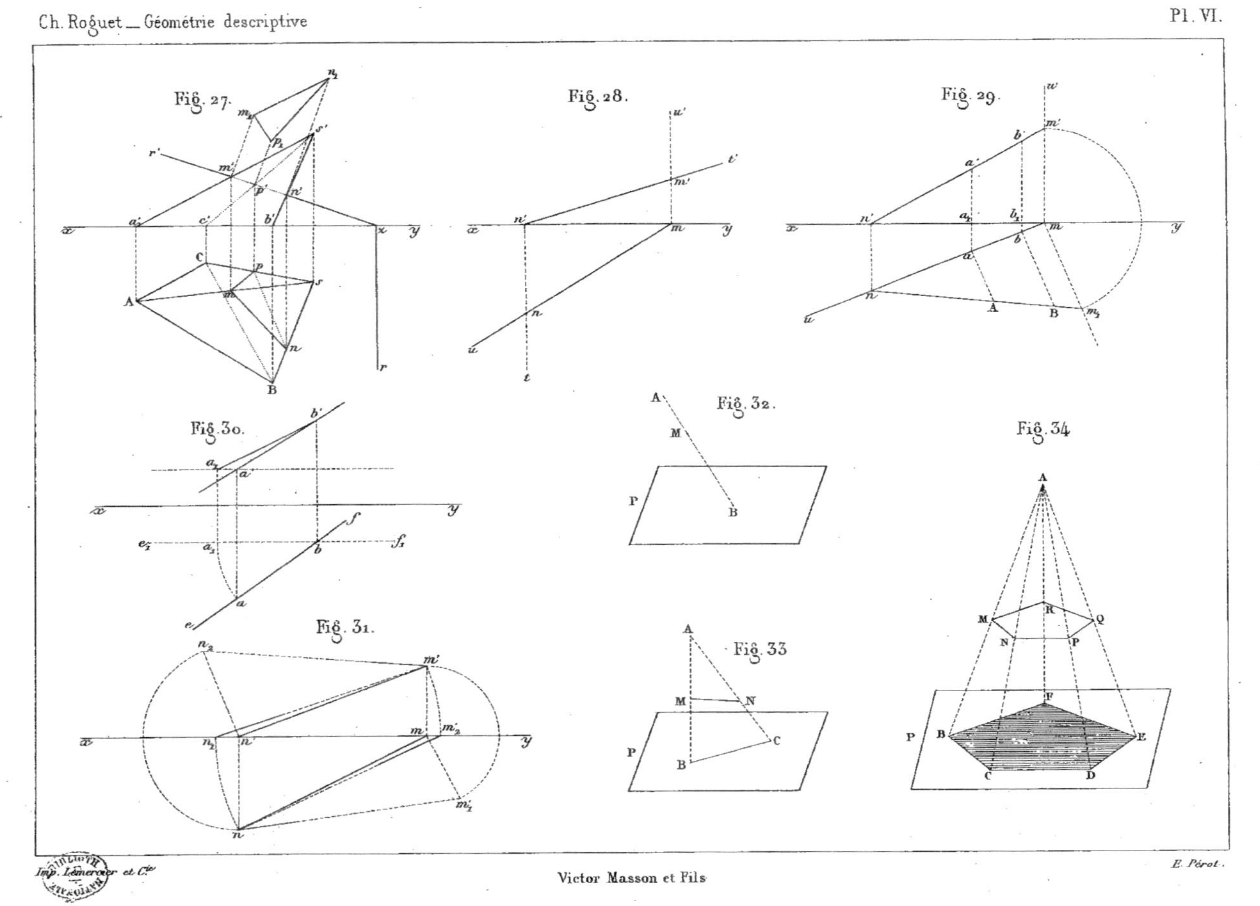

Imp. Lemercier et Cie

Victor Masson et Fils

E. Pérot.

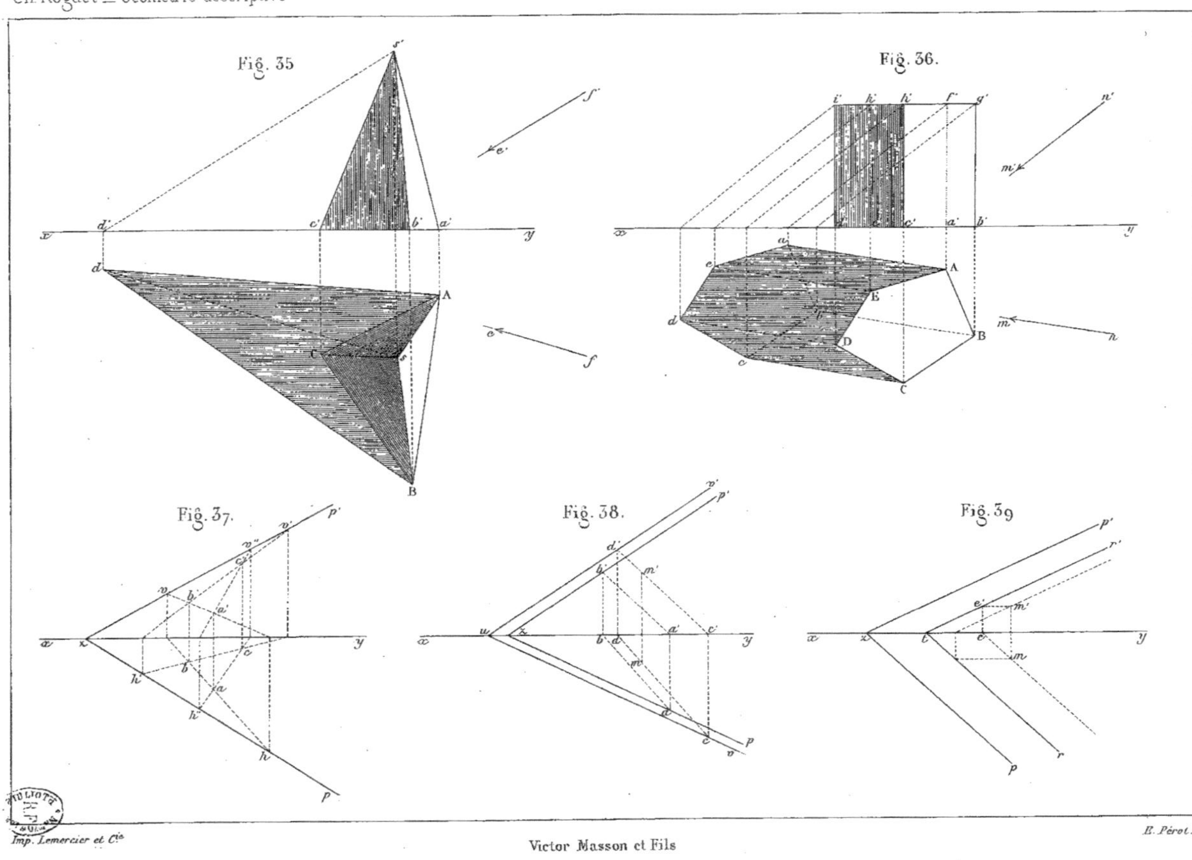

Imp. Lemercier et Cie

Victor Masson et Fils

E. Pérot.

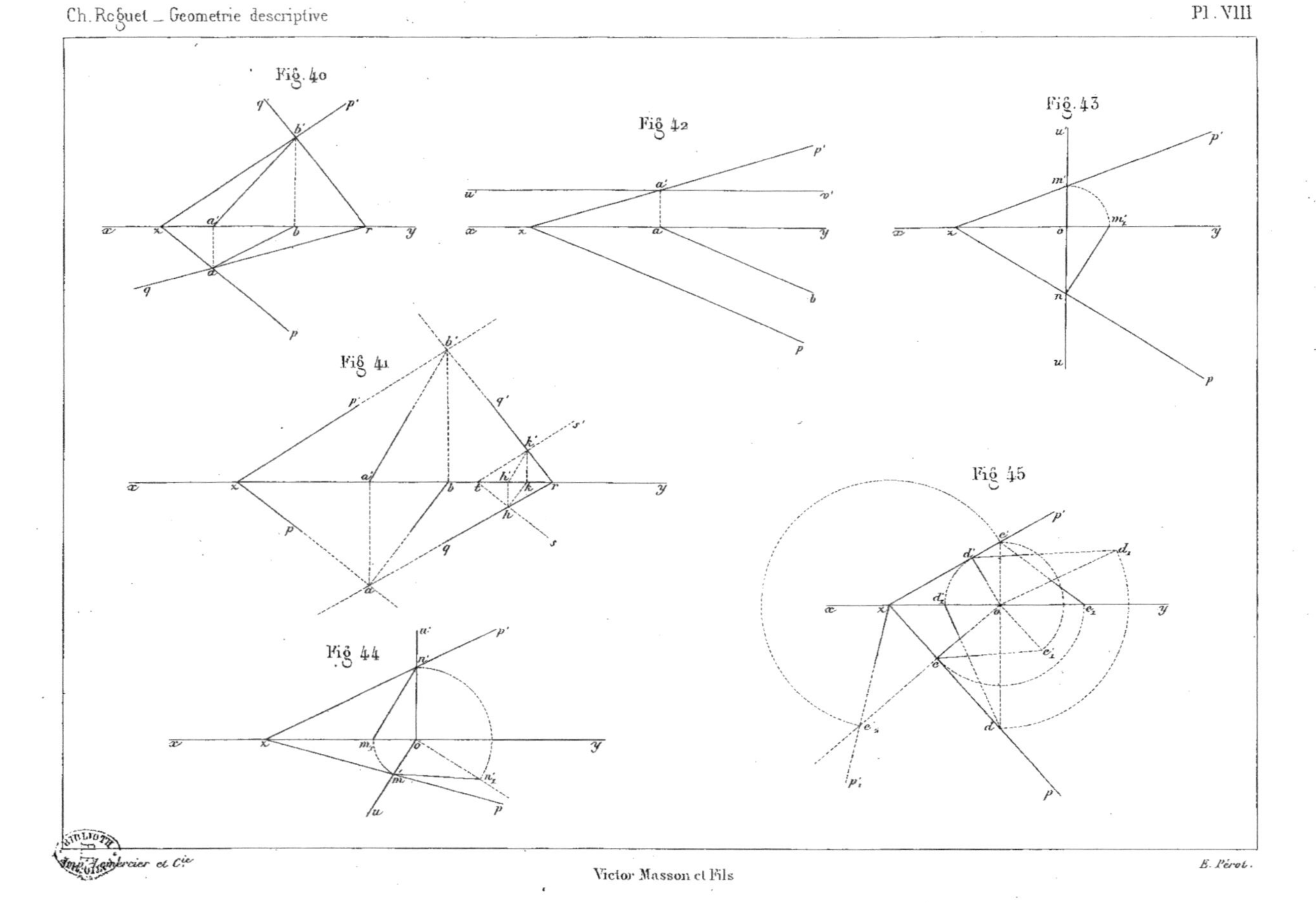

Imp. Lemercier et Cie

Victor Masson et Fils

E. Pérot.

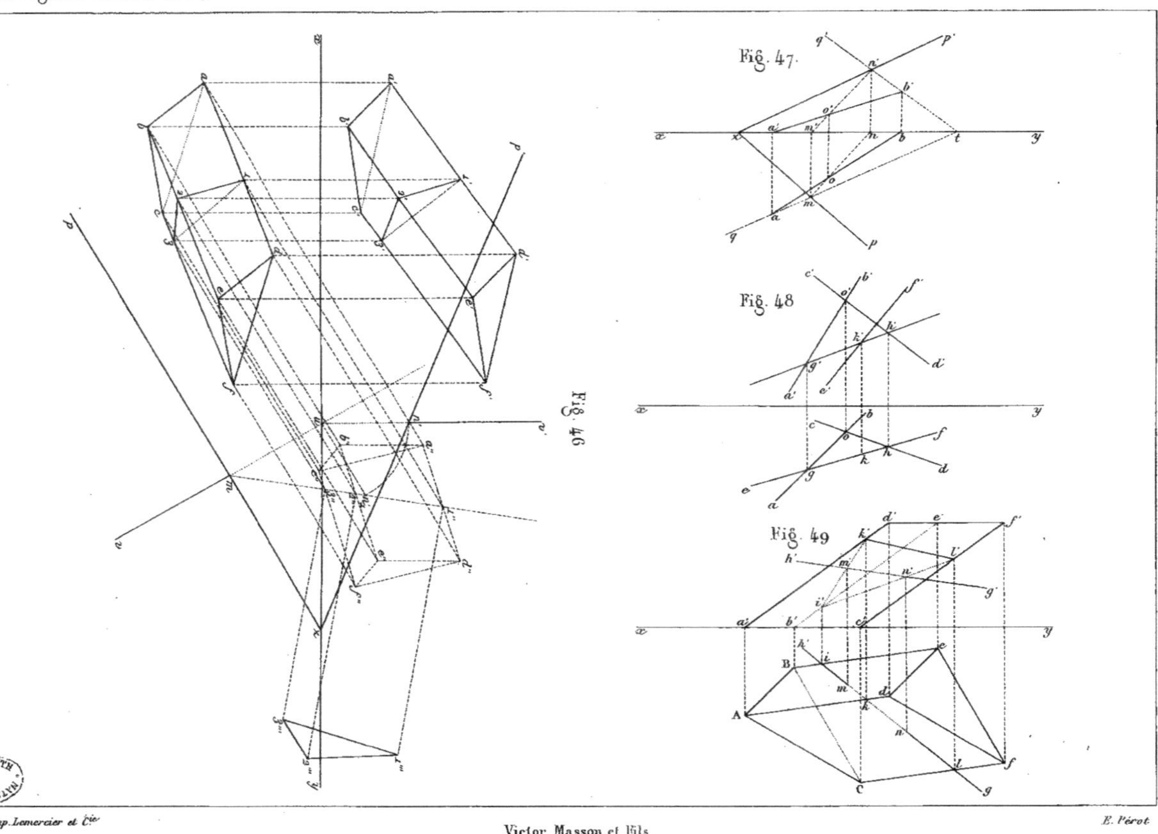

Fig. 46

Fig. 47.

Fig. 48

Fig. 49

Imp. Lemercier et Cie
Victor Masson et Fils
E. Pérot

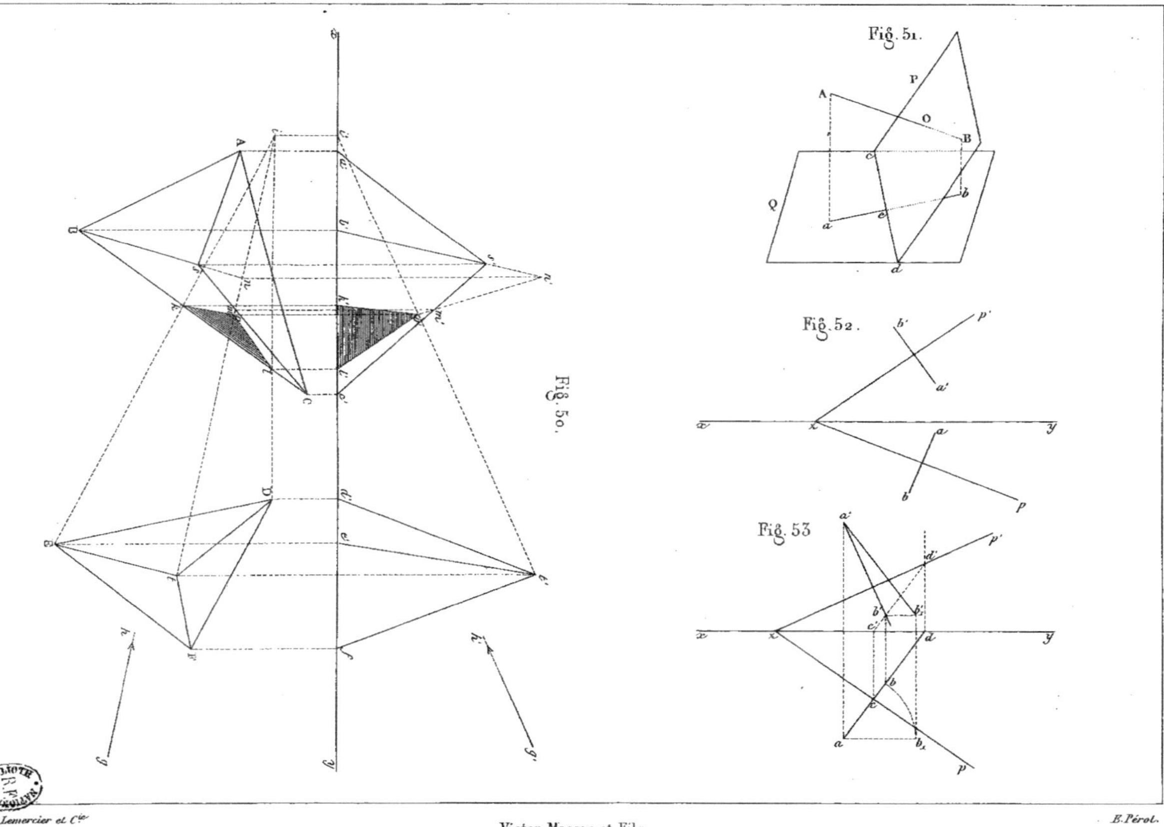

Imp. Lemercier et Cie

Victor Masson et Fils

E. Pérot.

Fig. 54.

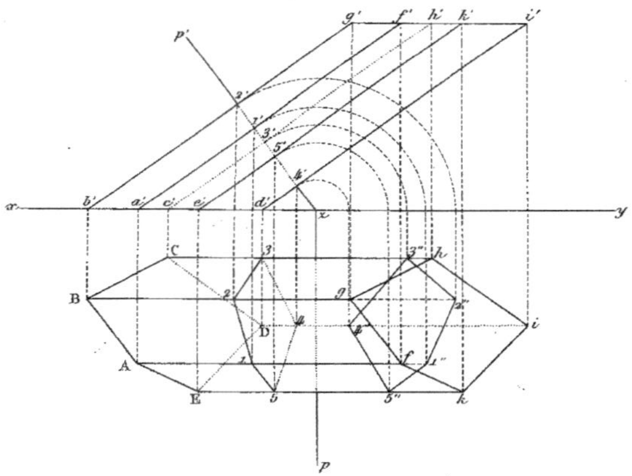

Fig. 55

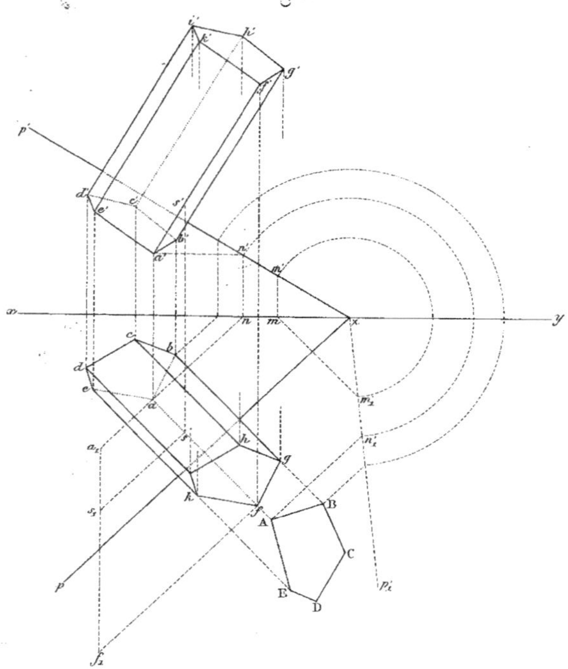

Fig. 56

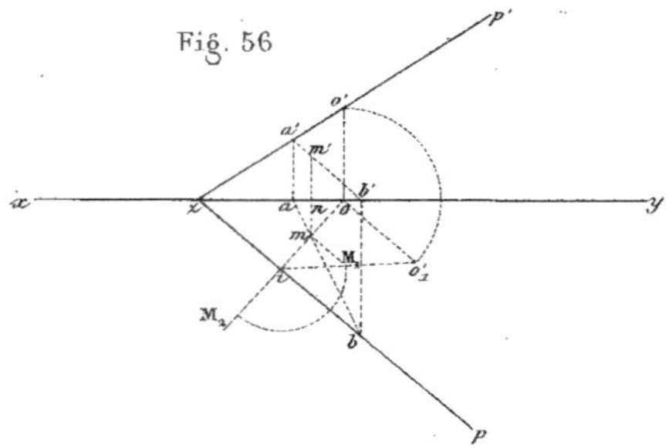

Imp. Lemercier et Cie

Victor Masson et Fils

R. Pérot.

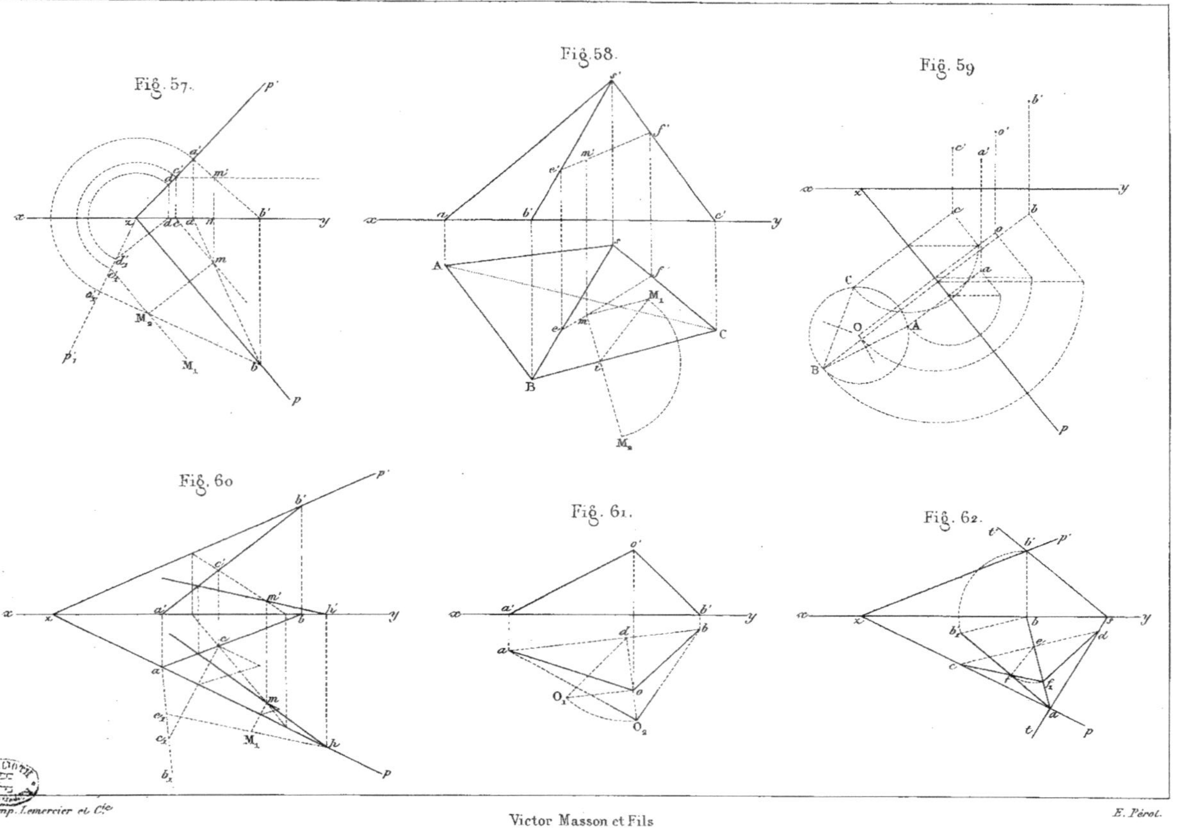

Imp. Lemercier et Cie
Victor Masson et Fils
E. Pérot.

Fig. 63

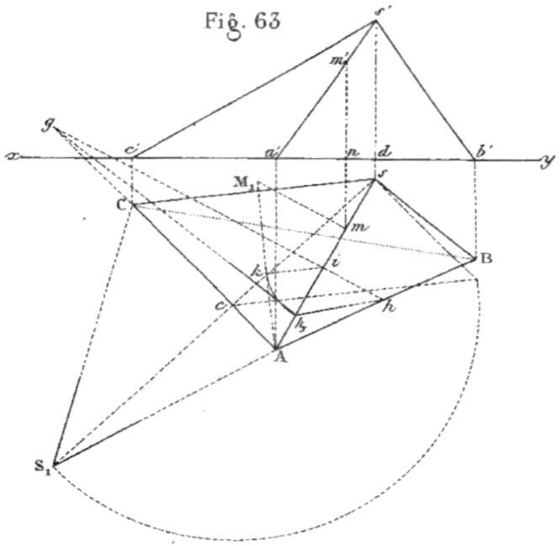

Fig. 64

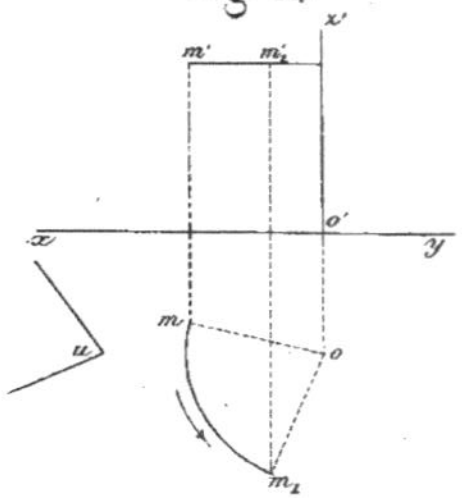

Fig. 65

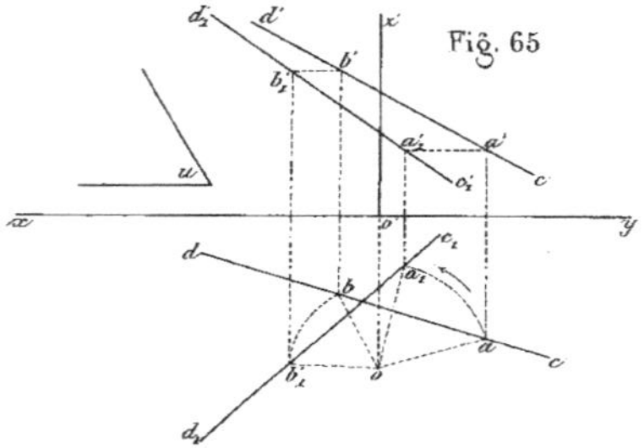

Fig. 66

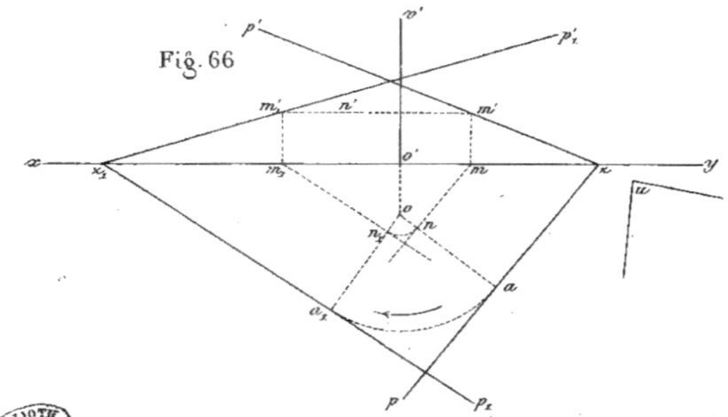

Fig. 67.

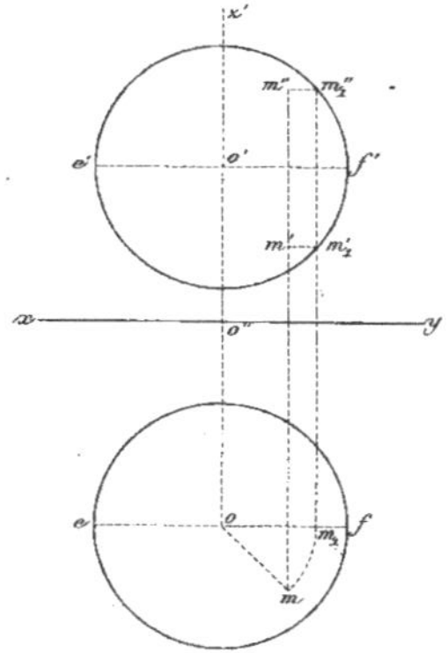

Fig. 68

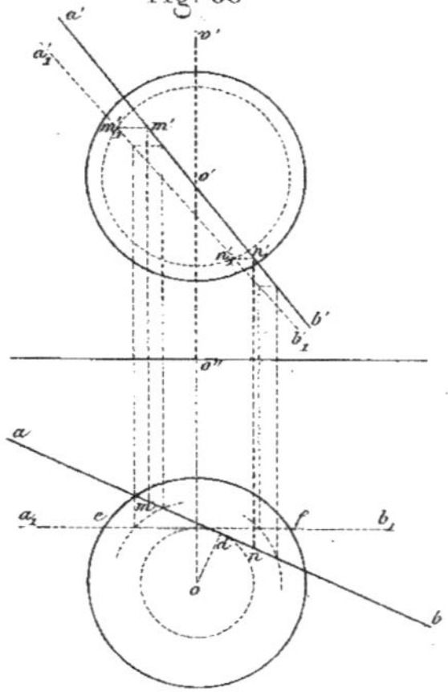

Imp. Lemercier et Cie

Victor Masson et Fils

E. Pérot.

Fig. 70.

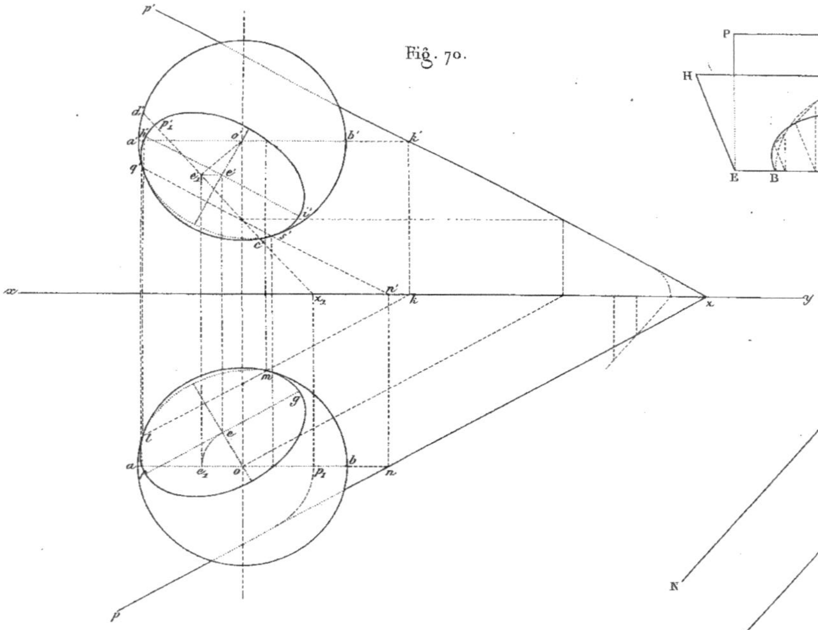

Fig. 69.

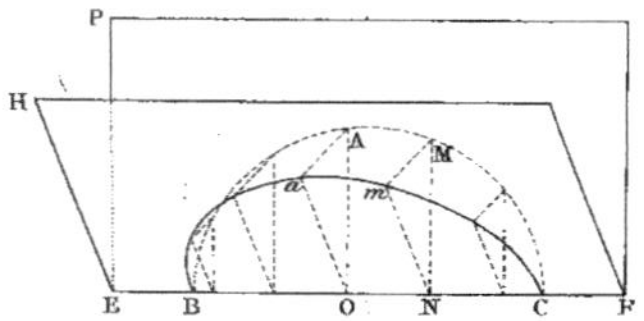

Fig. 71.

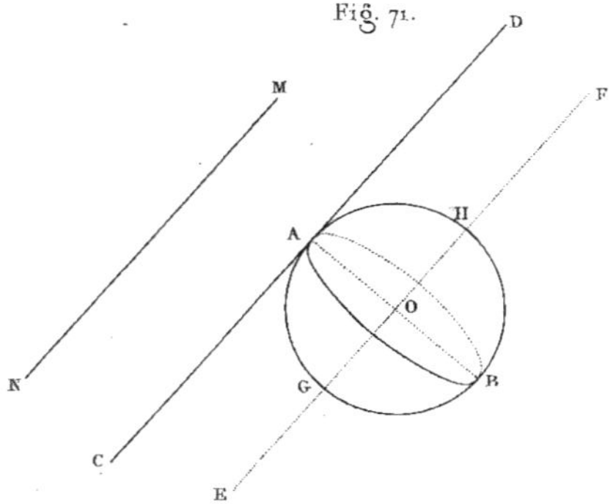

Imp. Lemercier et Cie

Victor Masson et Fils

E. Perot.

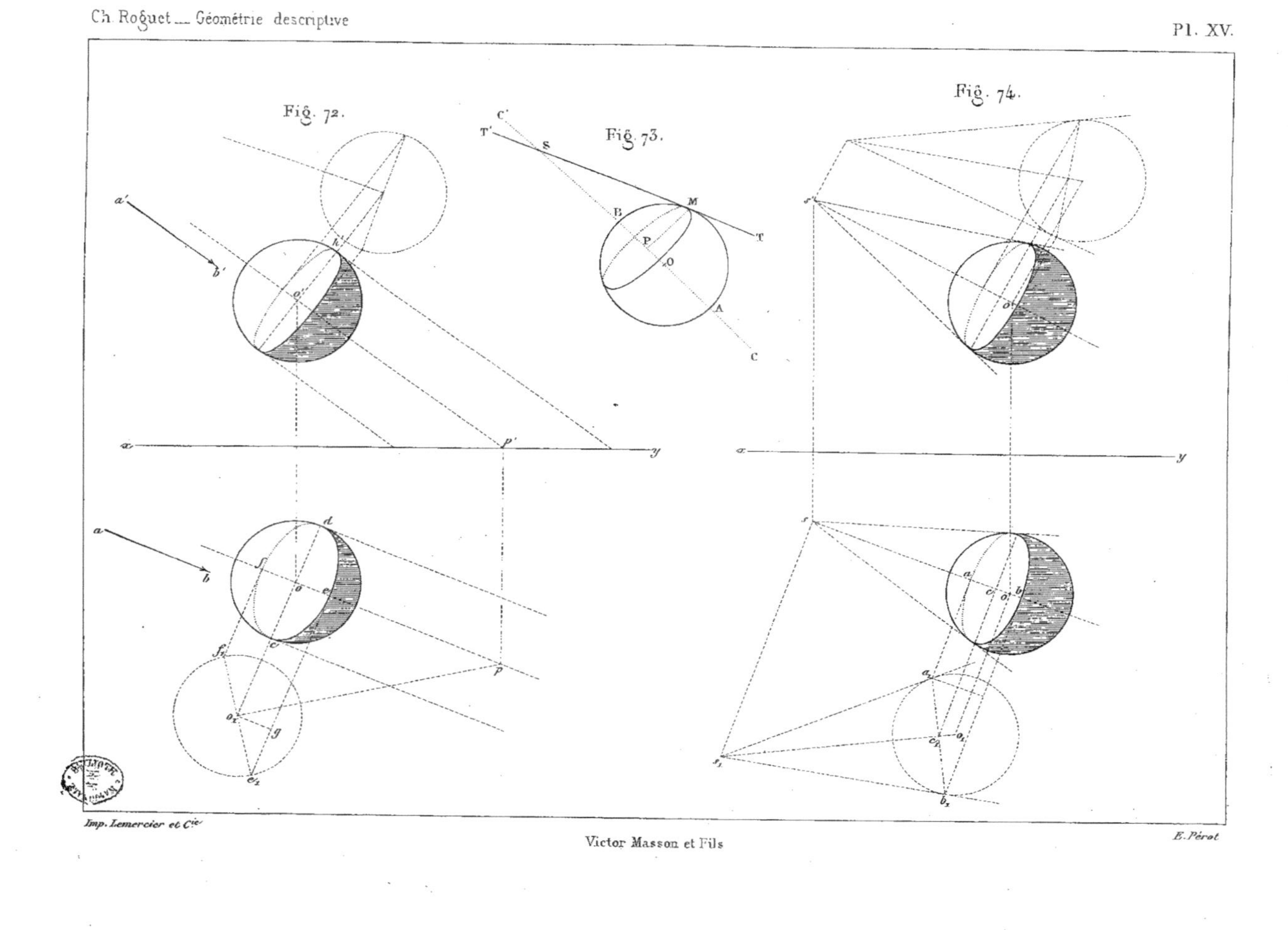

Imp. Lemercier et Cie

Victor Masson et Fils

E. Pérot

Fig. 75

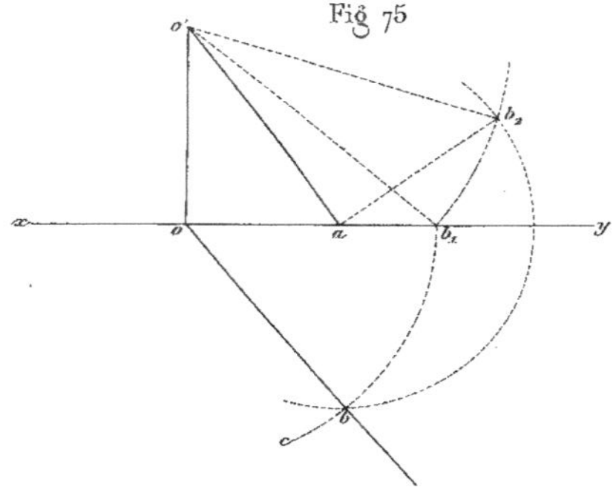

Fig. 76

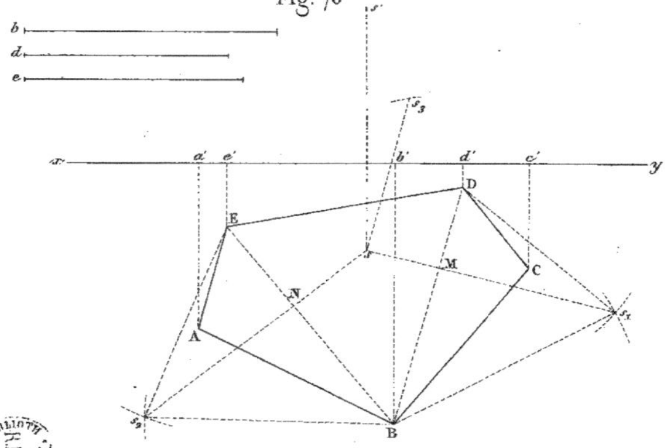

Fig. 77.

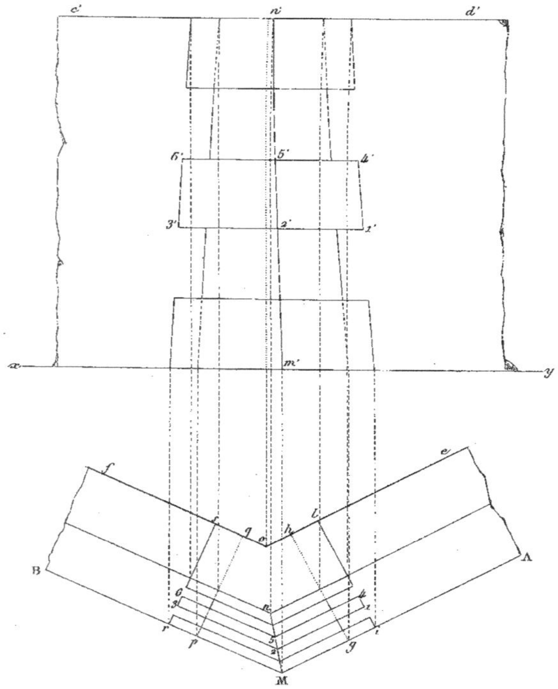

Imp. Lemercier et Cie

Victor Masson et Fils

E. Pérat.

Fig. 78.

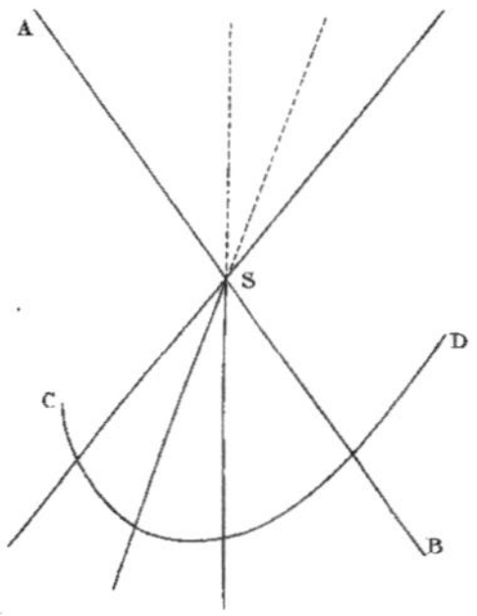

A S D C B

Fig. 79.

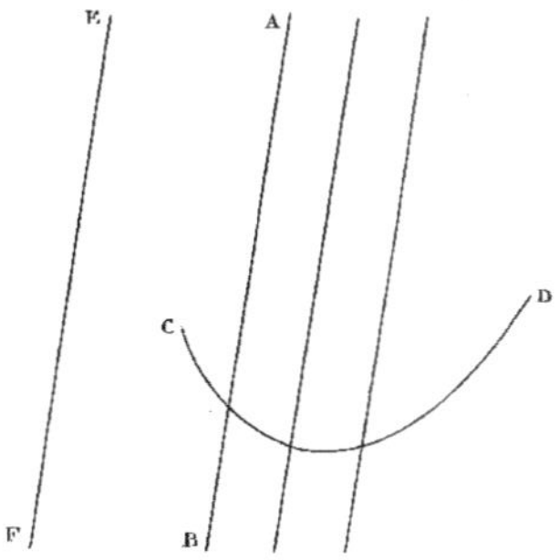

E A C D F B

Fig. 80.

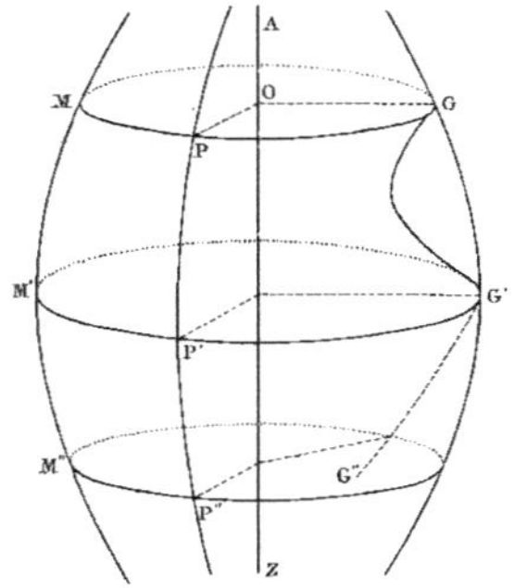

A O M G P M' G' P' M'' G'' P'' Z

Fig. 81.

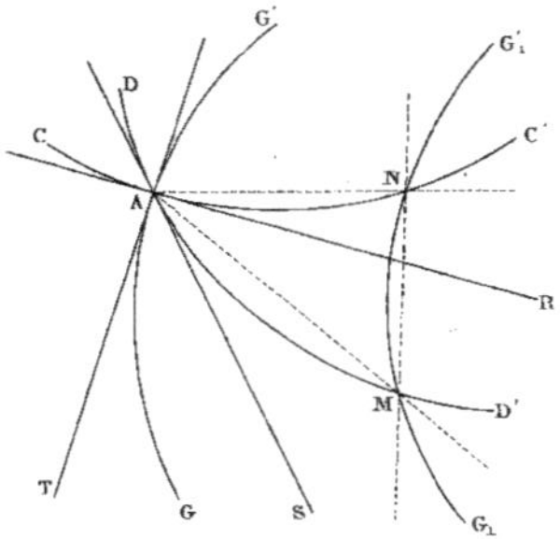

G' G'₁ D C C' N A R M D' T G S G₁

Fig. 82

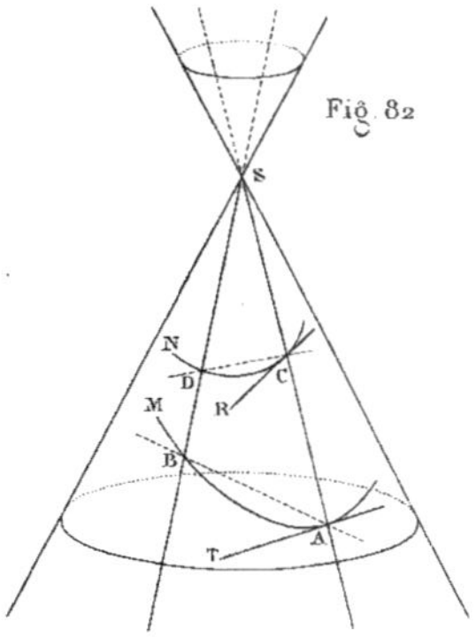

S N D C R M B T A

Fig. 83.

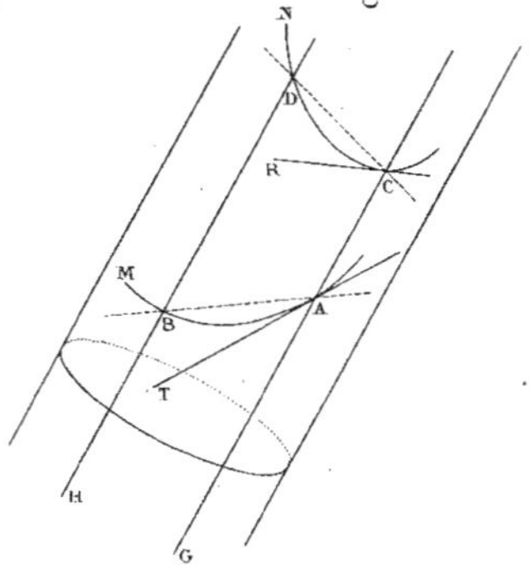

N D R C M B A T H G

Imp. Lemercier et Cie
G. Masson, Editeur.
E. Pérot sc.

Fig. 86

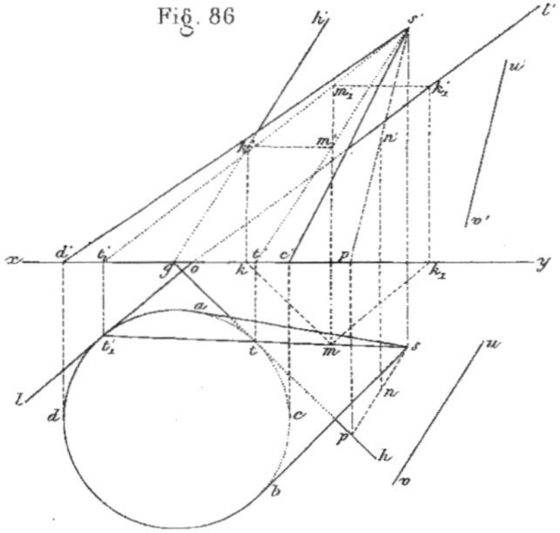

Fig. 84

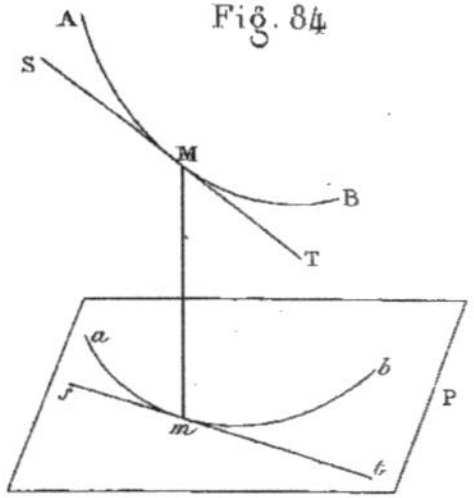

Fig. 85.

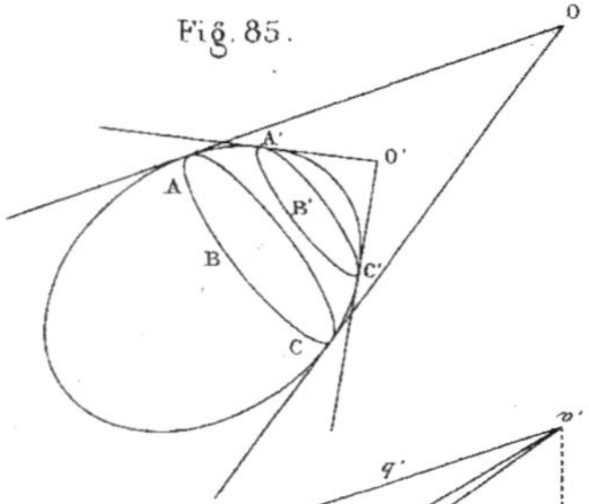

Fig. 87.

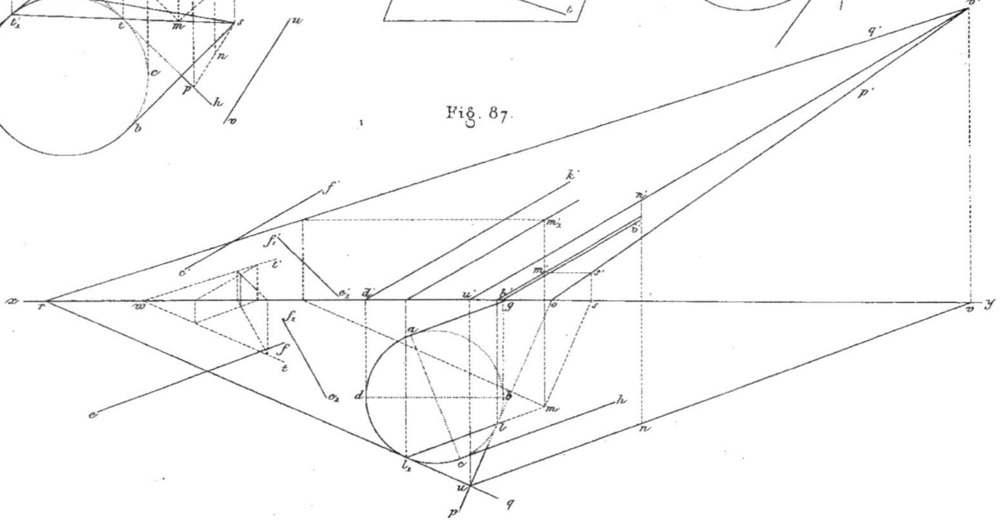

Imp. Lemercier et Cie

E. Pérot sc.

G. Masson, Editeur.

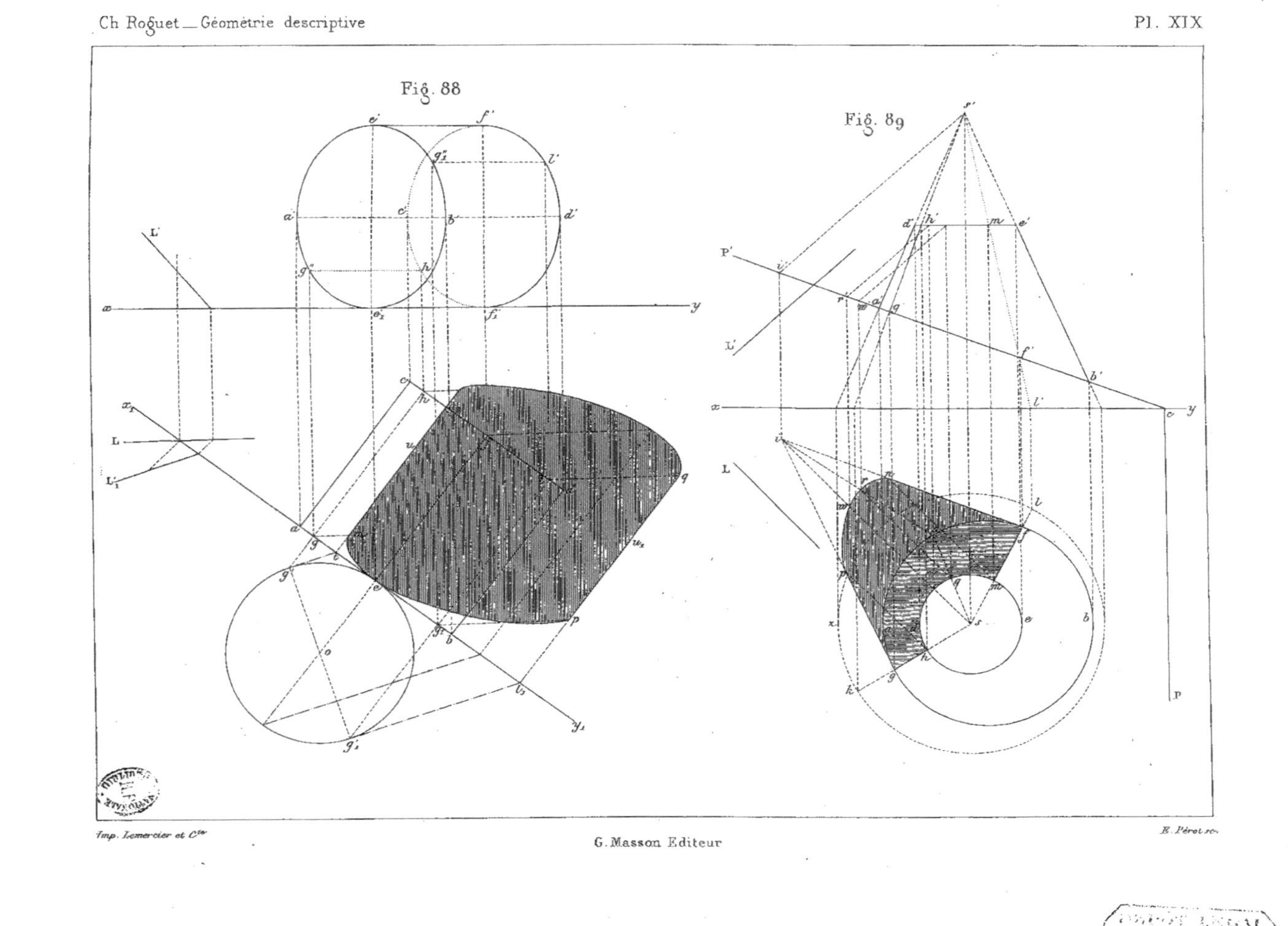

Imp. Lemercier et Cie

G. Masson Editeur

E. Pérot sc.

Fig. 90

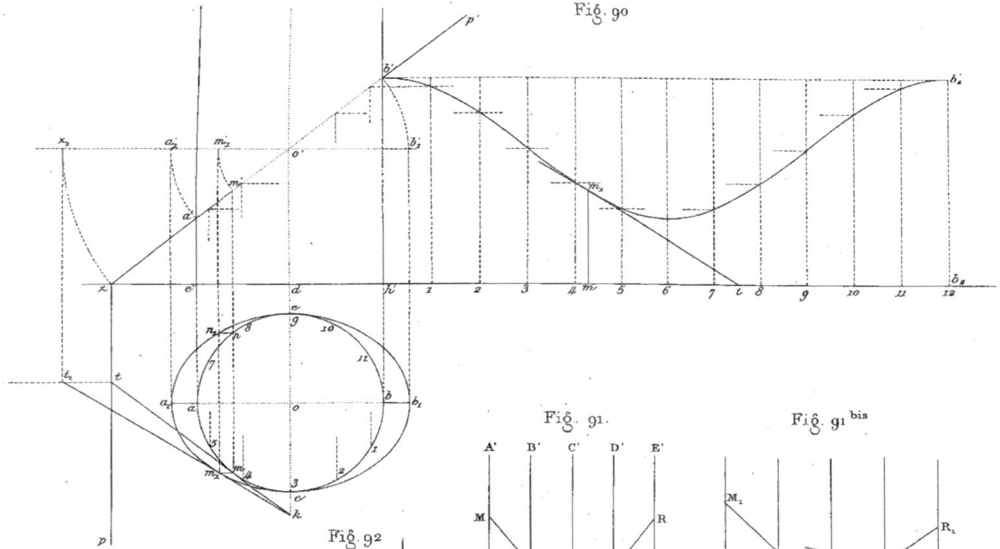

Fig. 91.

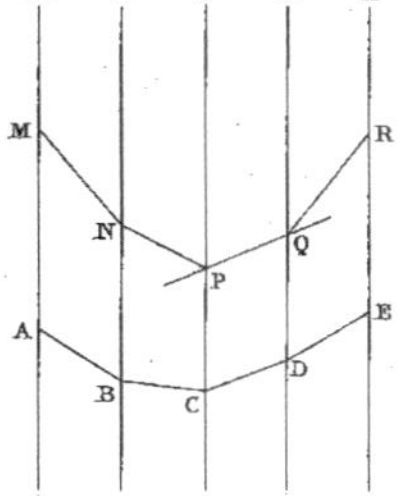

Fig. 91 bis

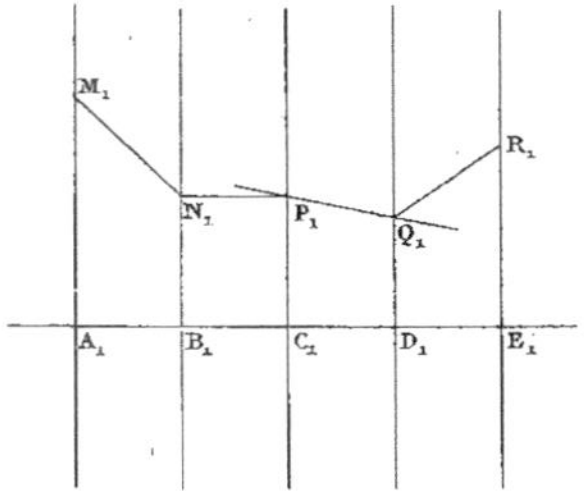

Fig. 92

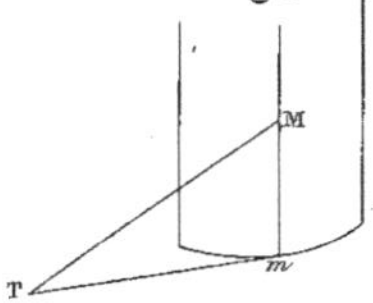

Imp. Lemercier et Cie

G. Masson, Editeur.

B. Perot sc

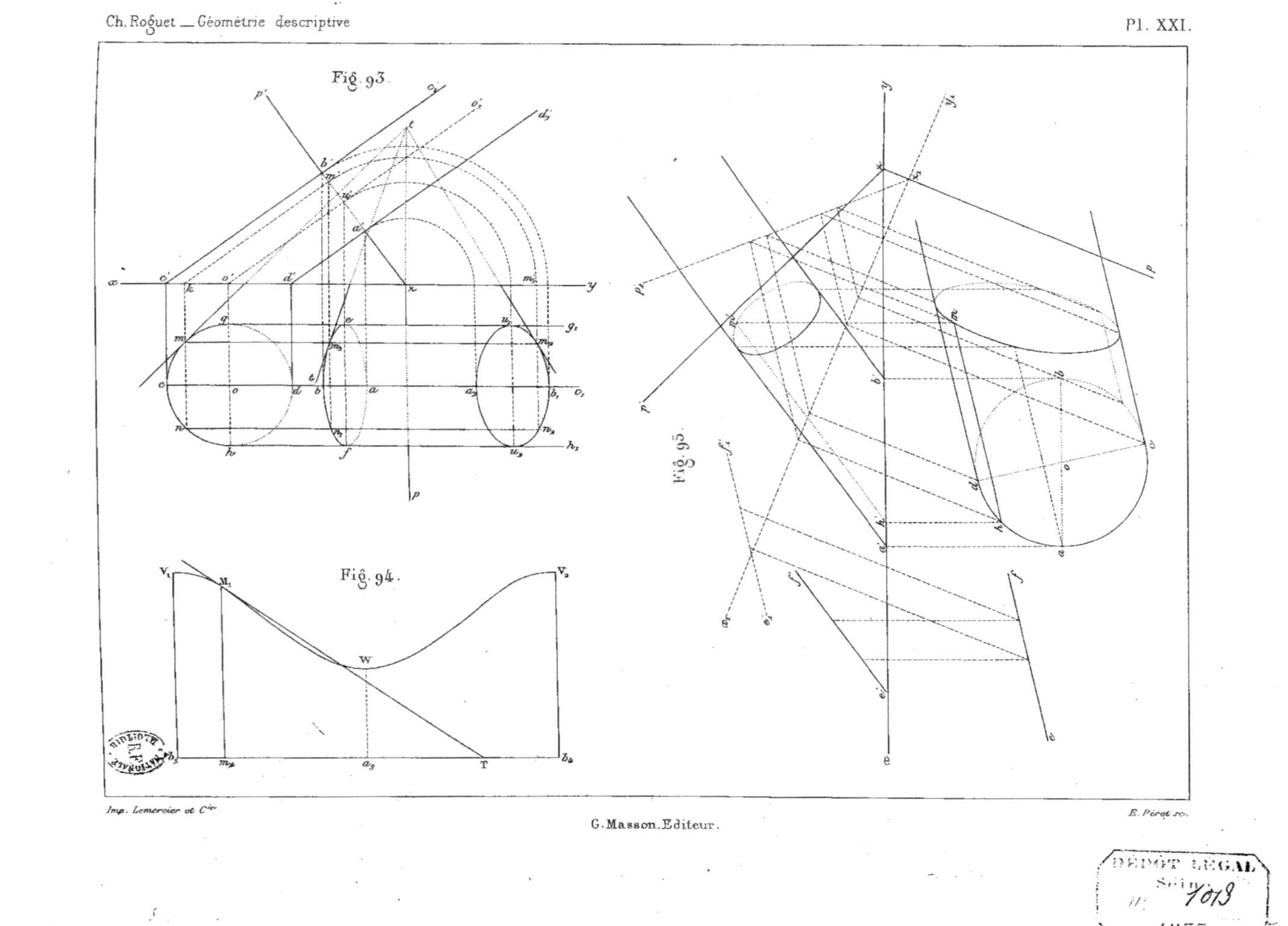

Fig. 93.

Fig. 94.

Fig. 95.

Imp. Lemercier et Cie

E. Pérot sc.

G. Masson. Editeur.

Fig. 96.

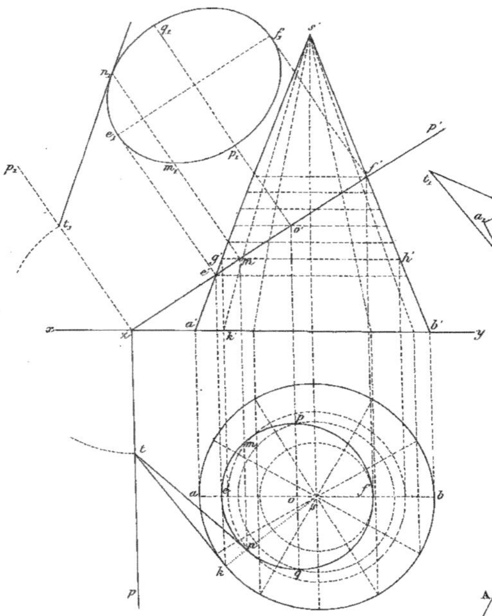

Fig. 98.

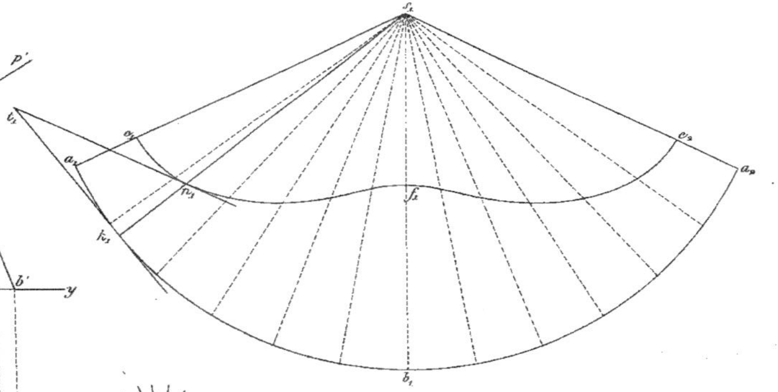

Fig. 97.

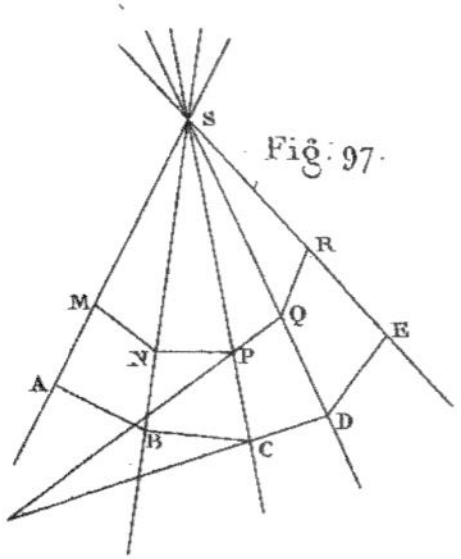

Fig. 99

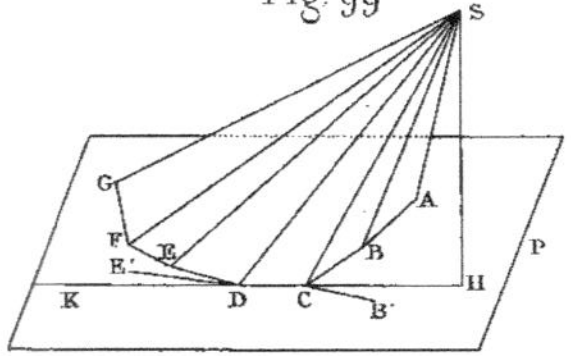

Imp. Lemercier et Cie
G. Masson, Editeur
E. Pérot sc.

Fig. 100.

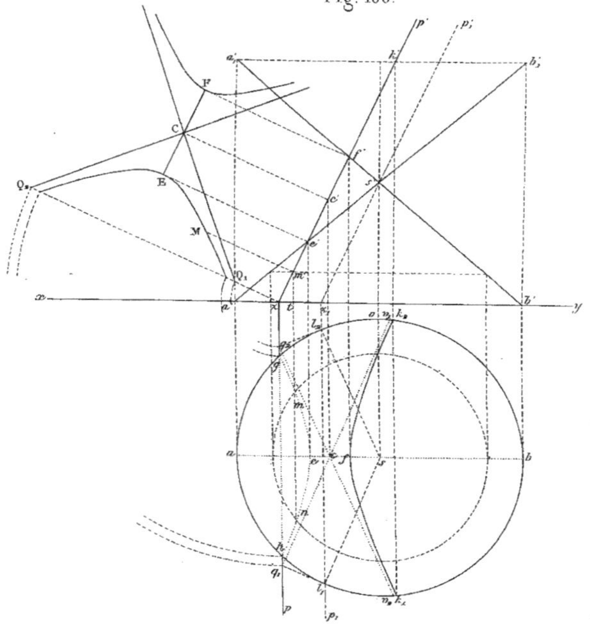

Fig. 101.

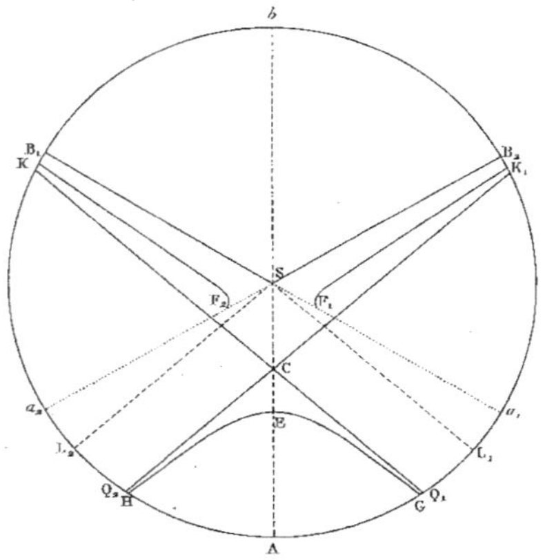

Imp. Lemercier et Cie

G. Masson, Editeur.

E. Pérat sc.

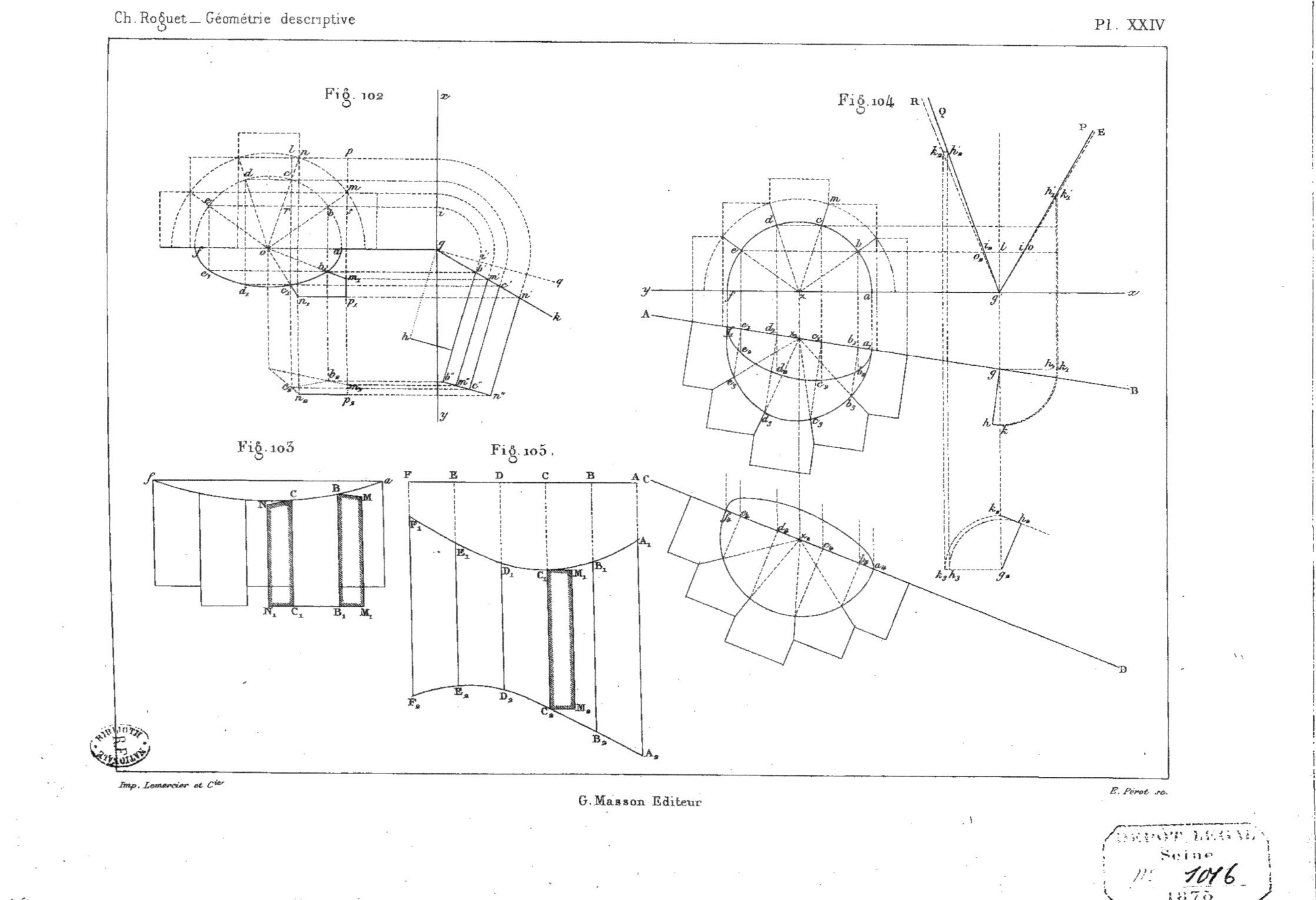

Imp. Lemercier et Cie

G. Masson Editeur

E. Pérot sc.

Fig. 106

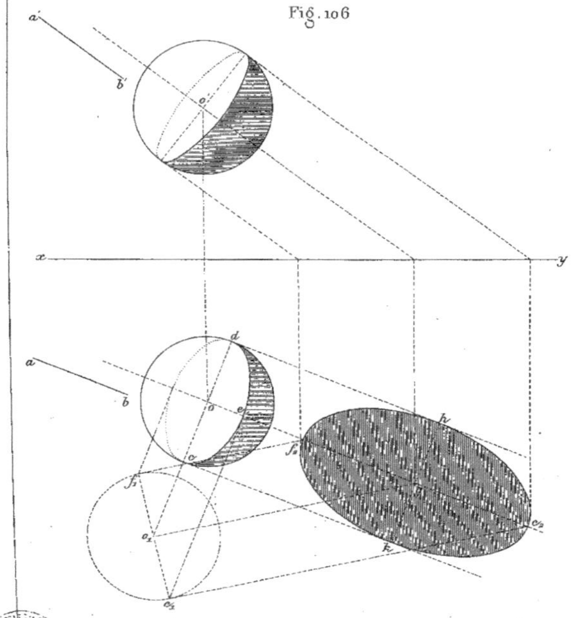

Fig. 107.

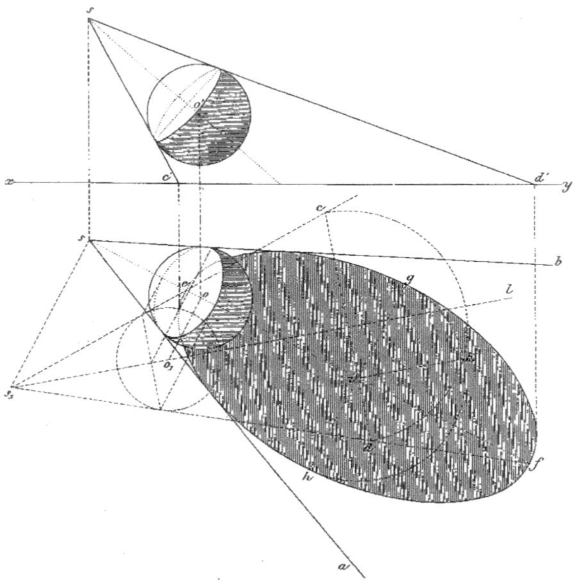

Imp. Lemercier et Cie

G. Masson, Editeur.

E. Pérot sc.

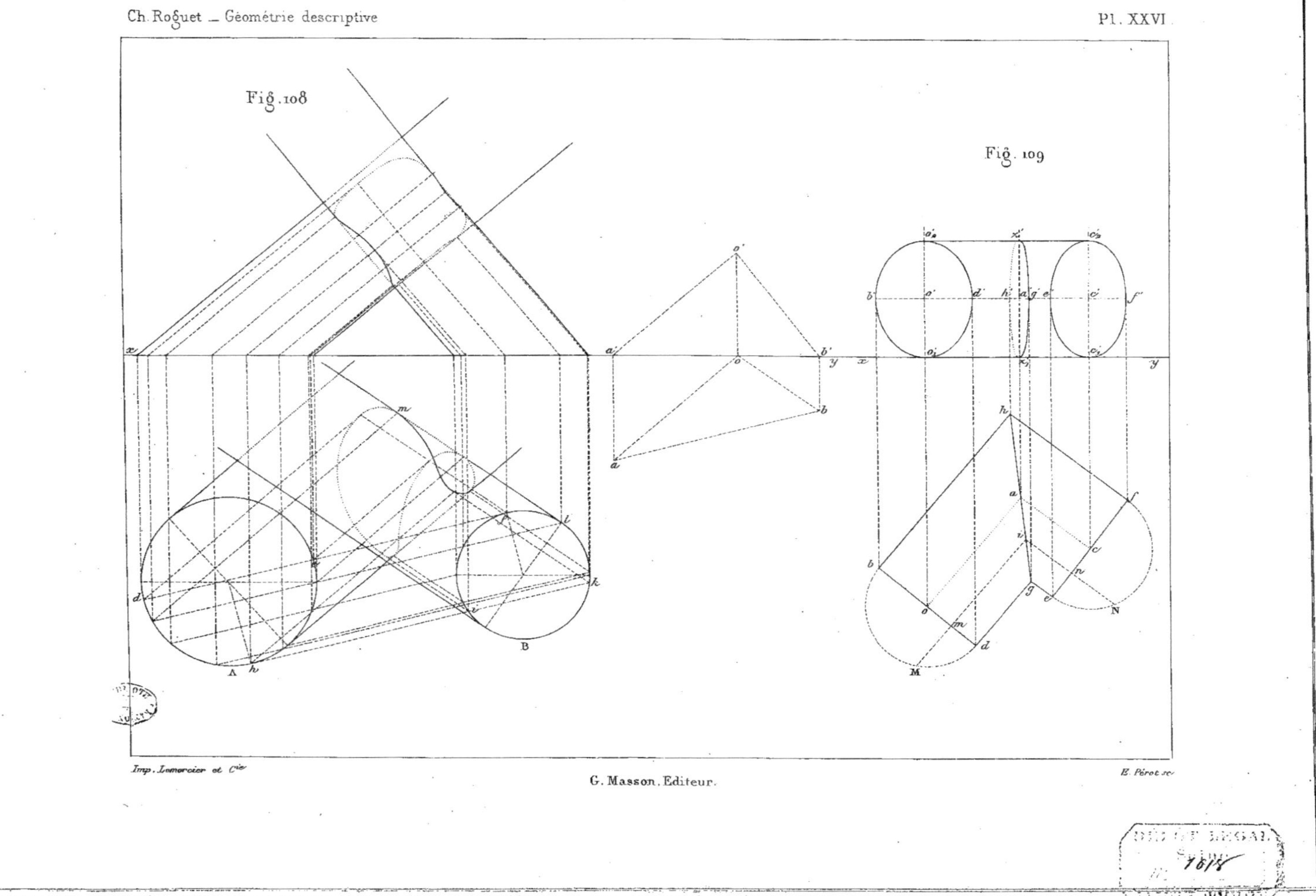

Imp. Lemercier et Cie

G. Masson. Editeur.

E. Pérot sc.

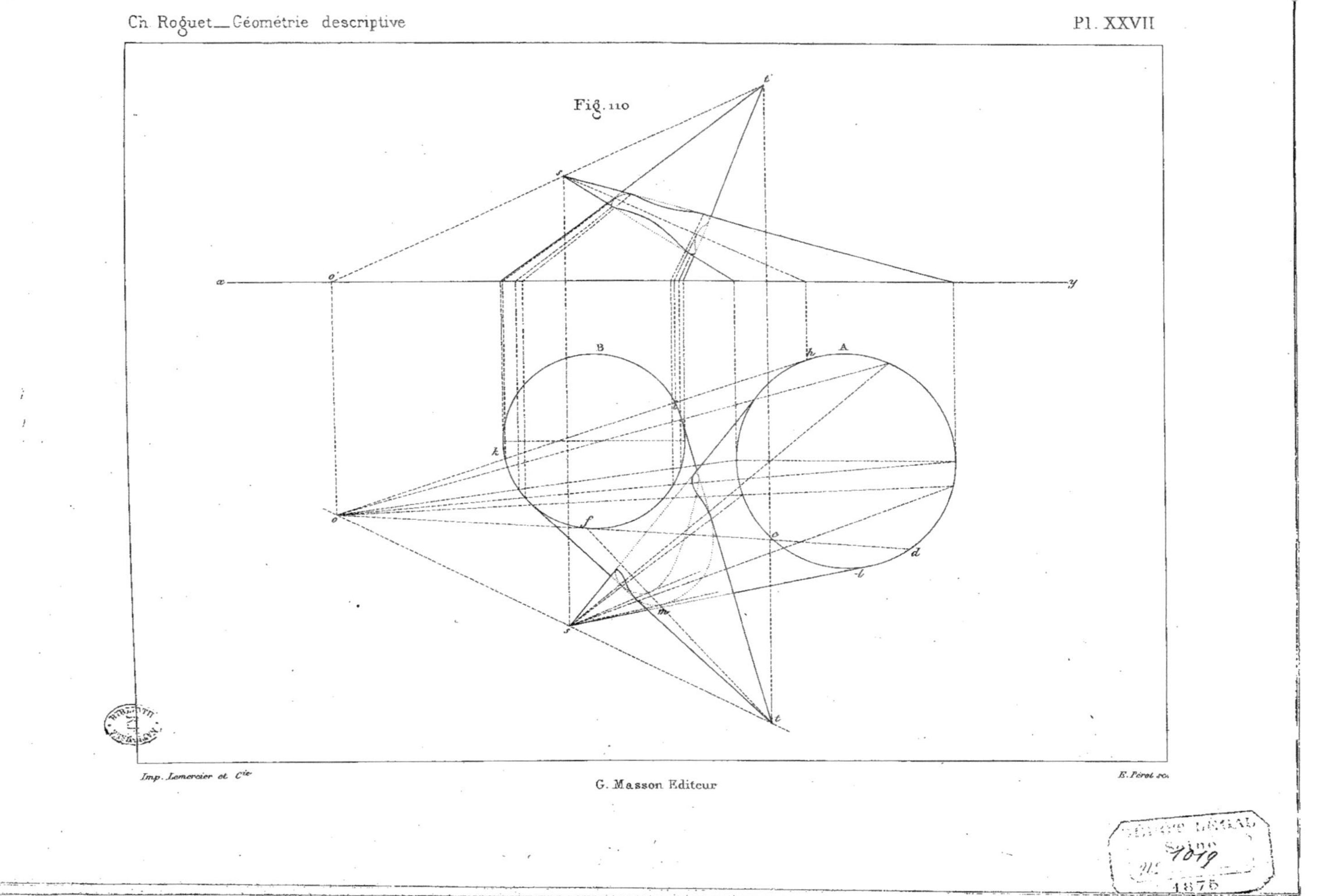

Imp. Lemercier et Cie
G. Masson Editeur
E. Pérot sc.

Fig. 111.

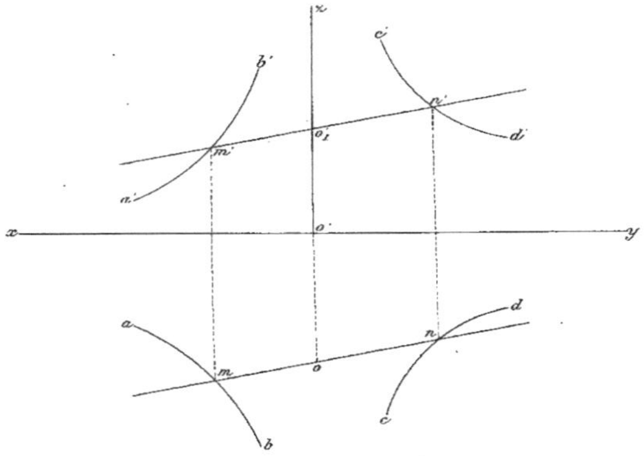

Fig. 113

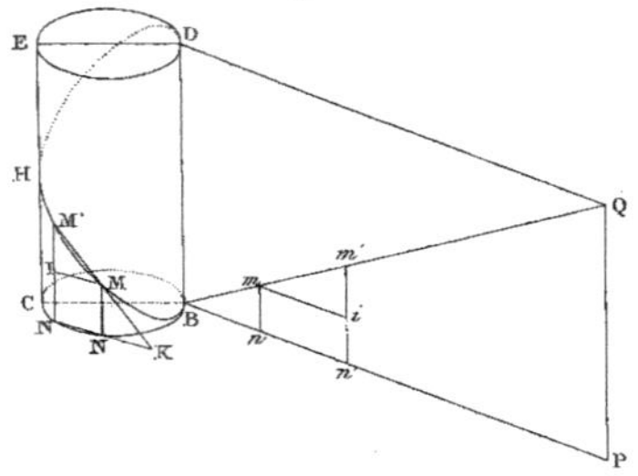

Fig. 112

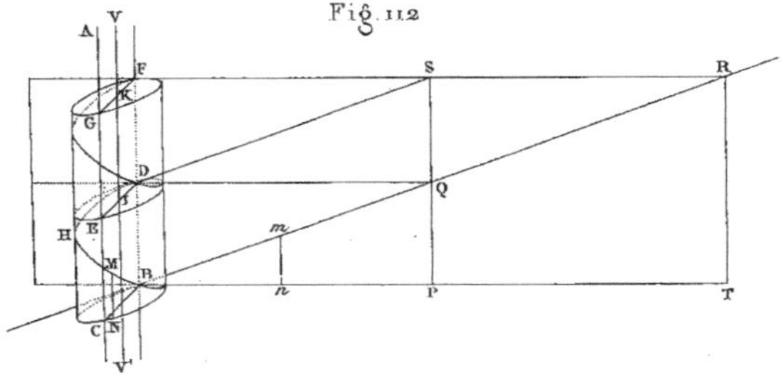

Fig. 114

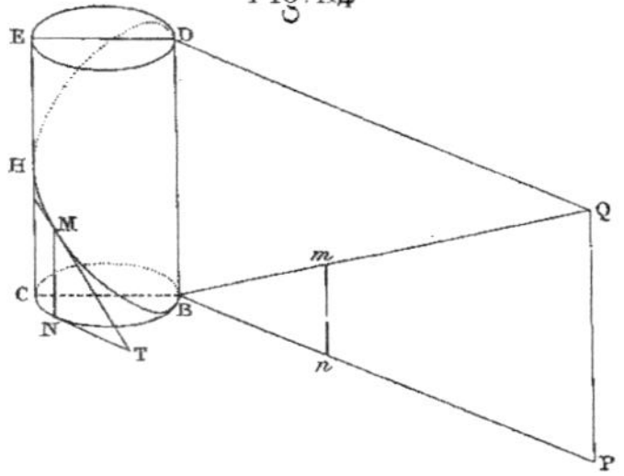

Imp. Lemercier et Cie

G. Masson Editeur

E. Pérot sc.

Fig. 115

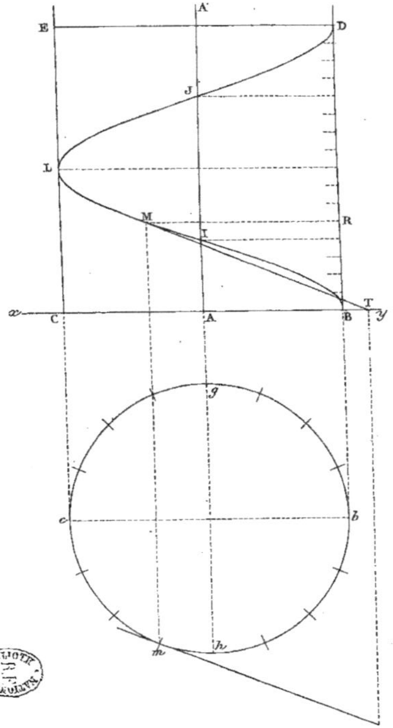

Fig. 117

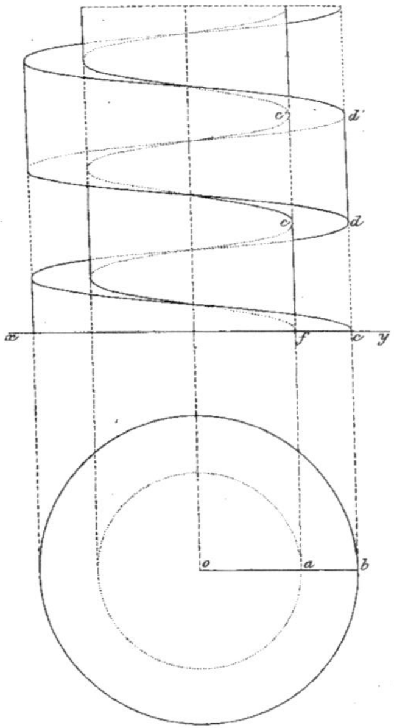

Fig. 116

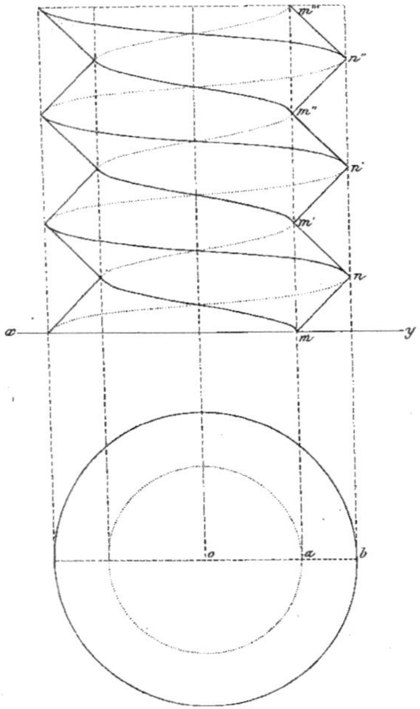

Imp. Lemercier et Cie

G. Masson Editeur

E. Pérot sc.

Fig. 118

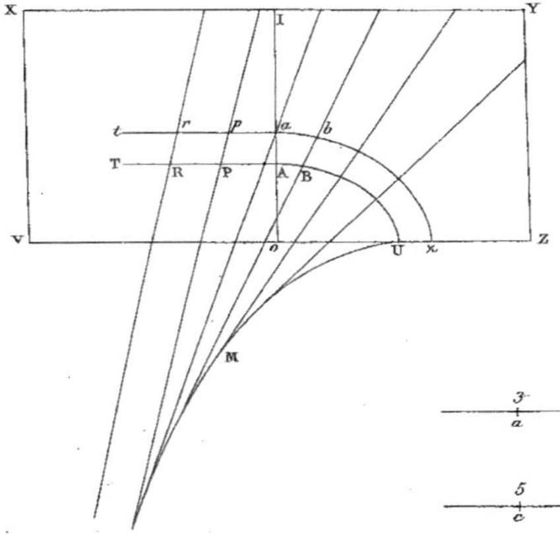

Fig. 119

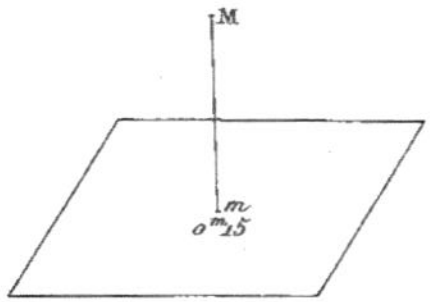

Fig. 121

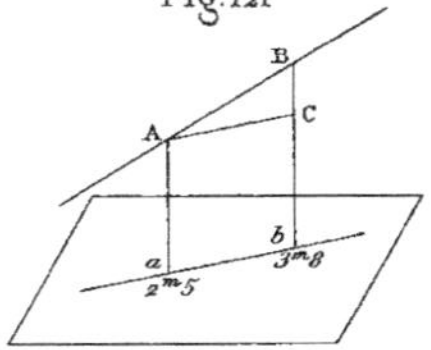

Fig. 120

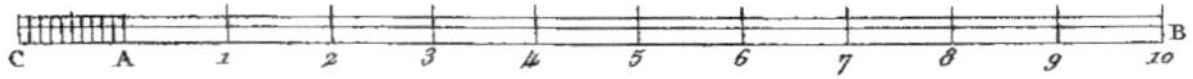

Fig. 123

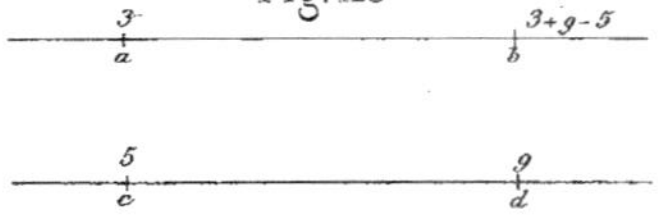

Fig. 126

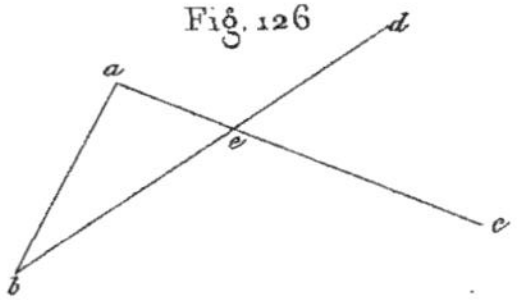

Fig. 122

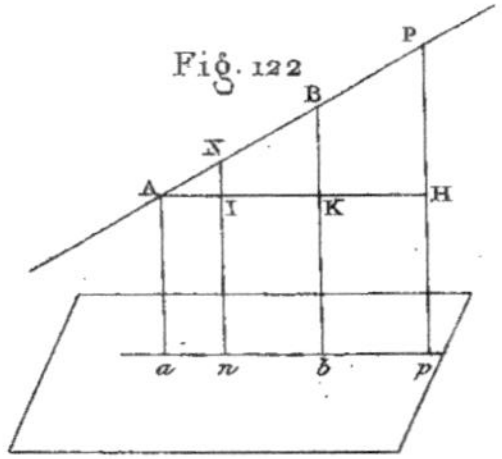

Fig. 124

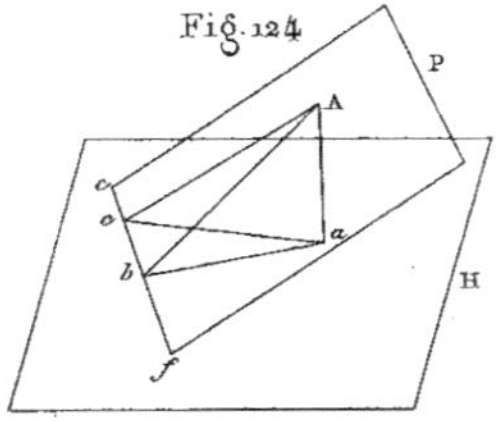

Fig. 125

Fig. 127

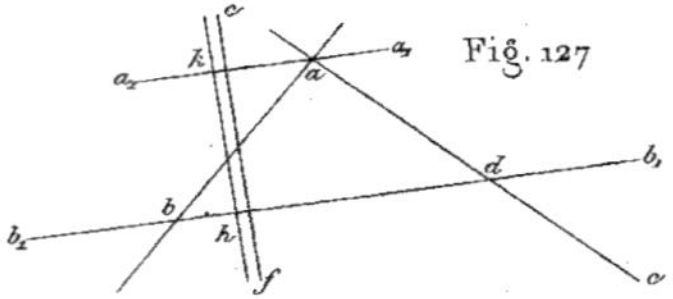

Imp. Lemercier et Cie

G. Masson Editeur

E. Pérat sc.

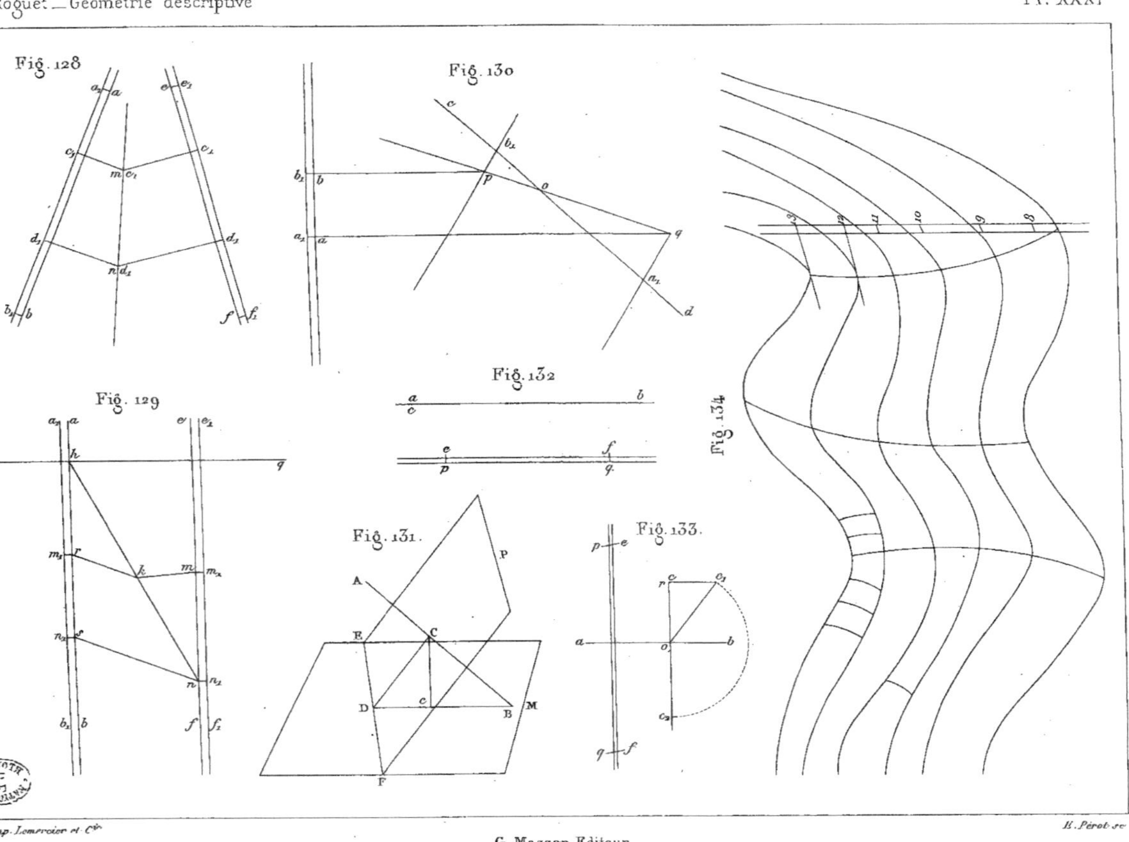

G. Masson Editeur

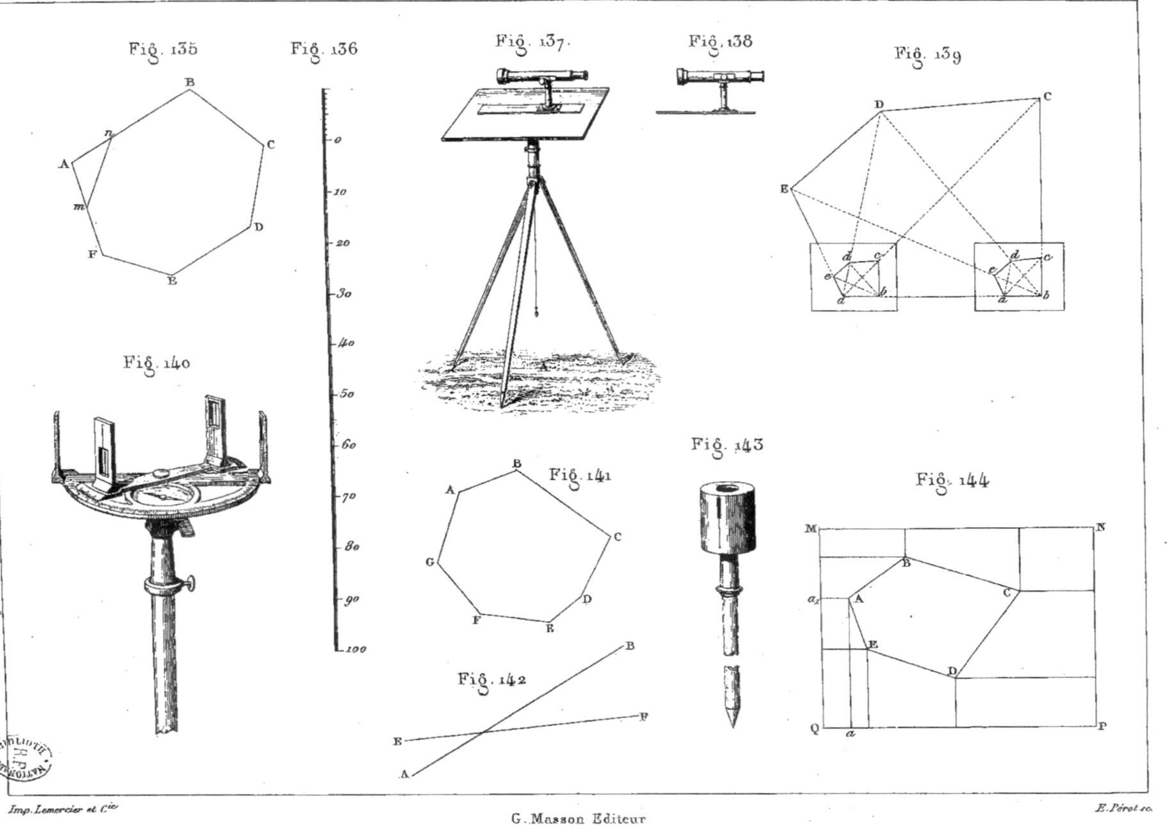

Imp. Lemercier et Cie
G. Masson Editeur
E. Pérot sc.

Fig. 148.

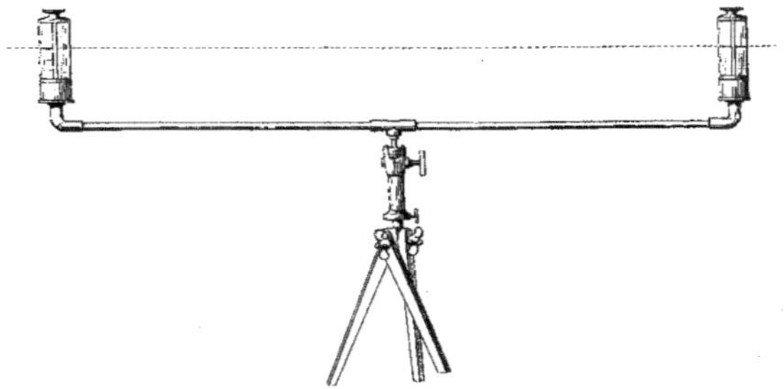

Fig. 149.

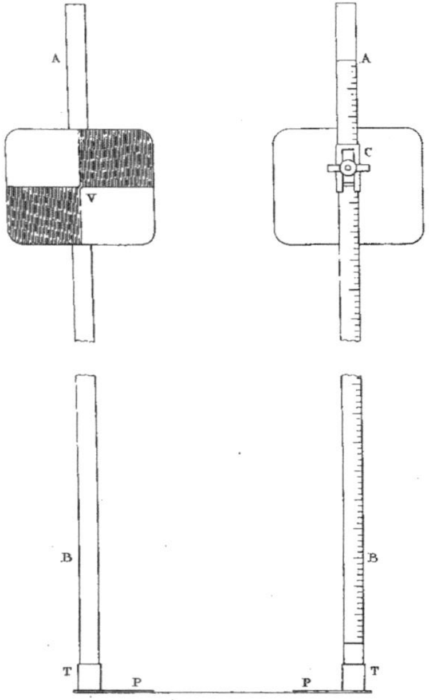

A B T P V C

Fig. 145.

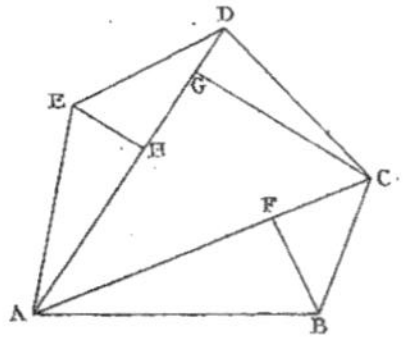

A B C D E F G H

Fig. 146.

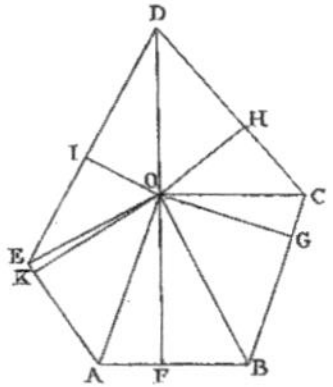

A B C D E F G H I K O

Fig. 147.

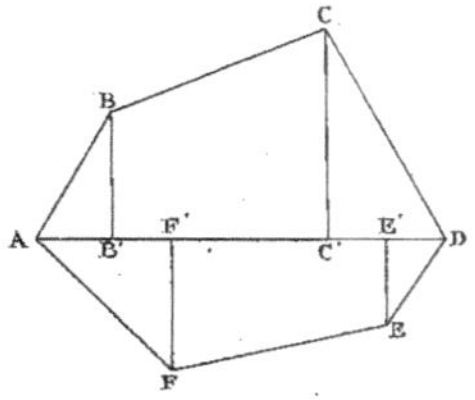

A B C D E F B' C' E' F'

Imp. Lemercier et Cie

G. Masson Editeur

H. Pérol sc.

Fig. 150

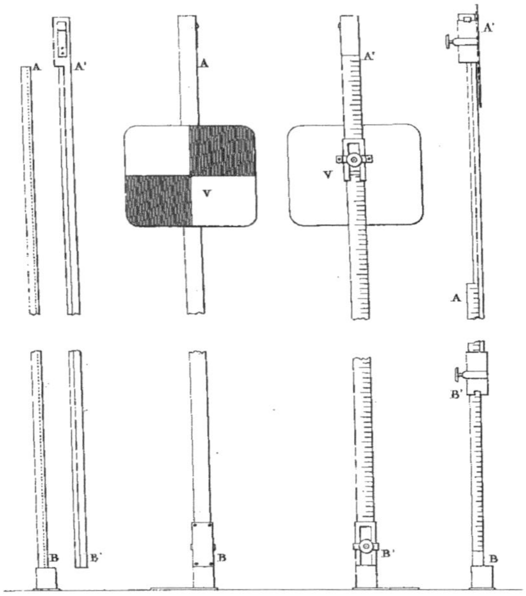

Fig. 151.

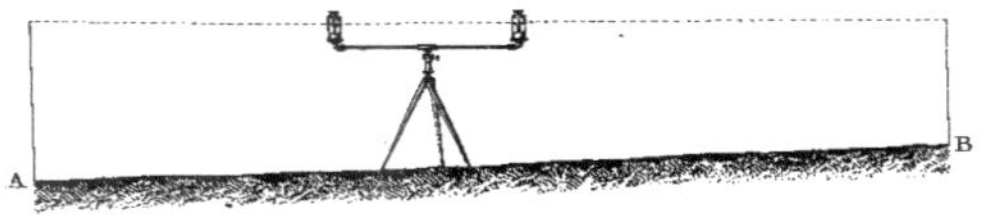

Fig. 152

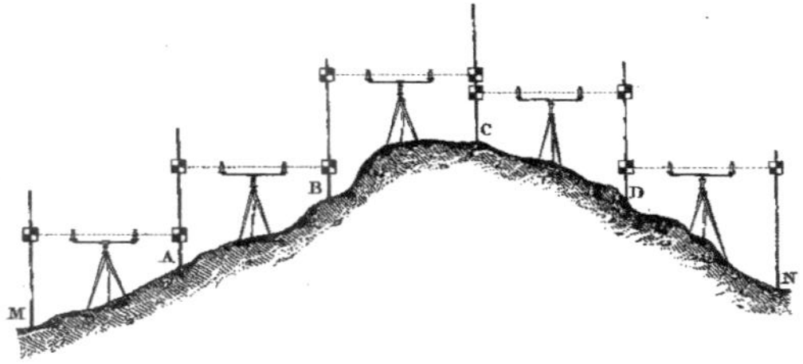

Imp. Lemercier et Cie

G. Masson Editeur

B. Pérot sc.

Fig. 153

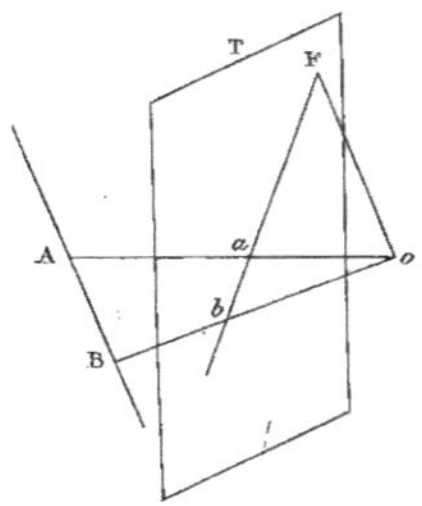

Fig. 154

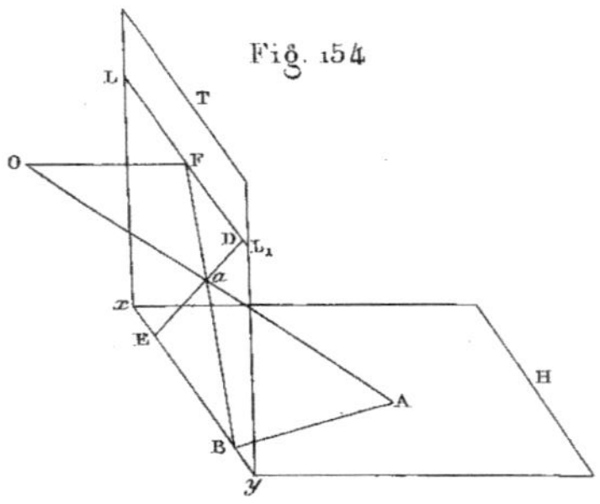

Fig. 155.

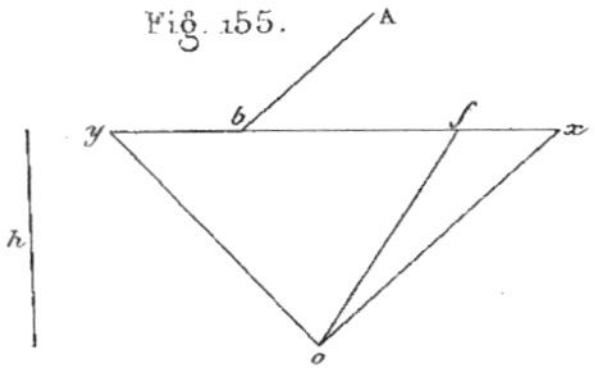

Fig. 156

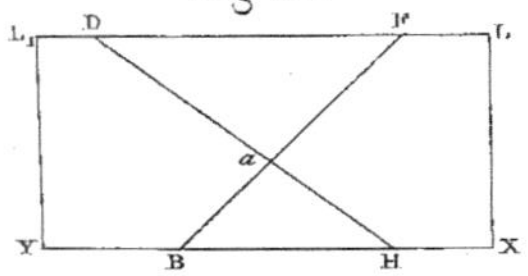

Fig. 157.

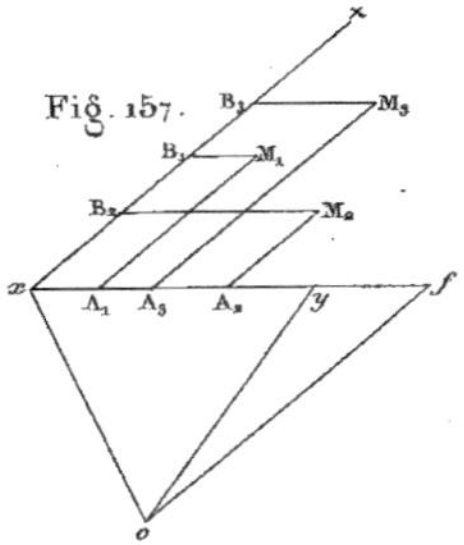

Fig. 158

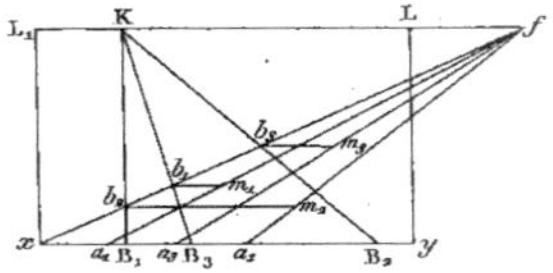

Fig. 161

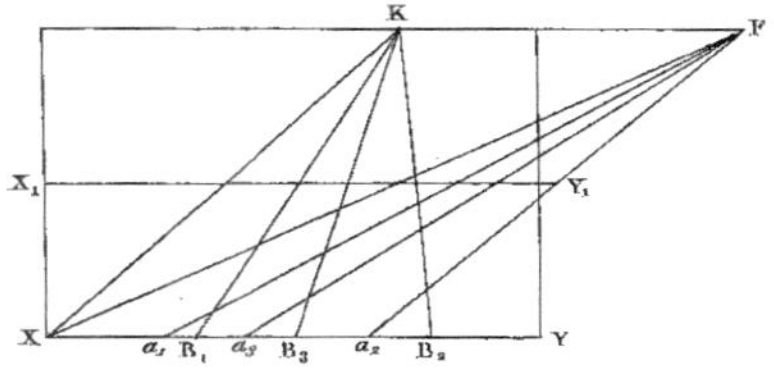

Imp. Lemercier et Cie

G. Masson Editeur

E. Pérot sc.

B

y

o

x

A

Fig. 159

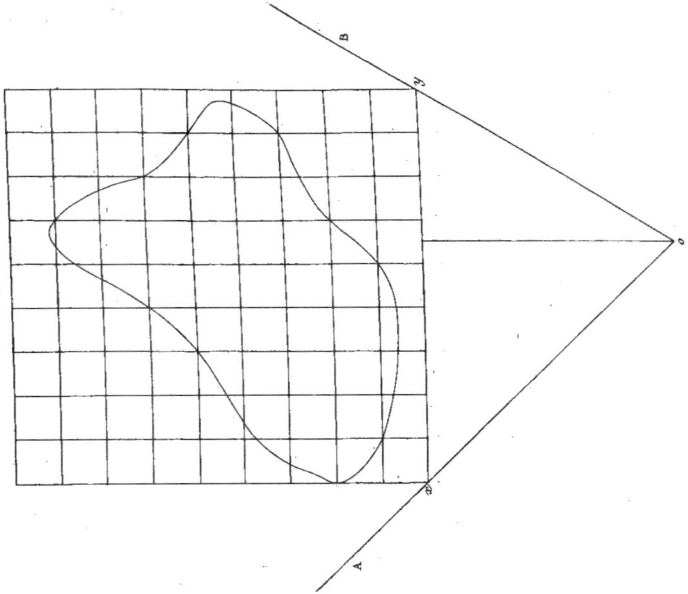

Fig. 160

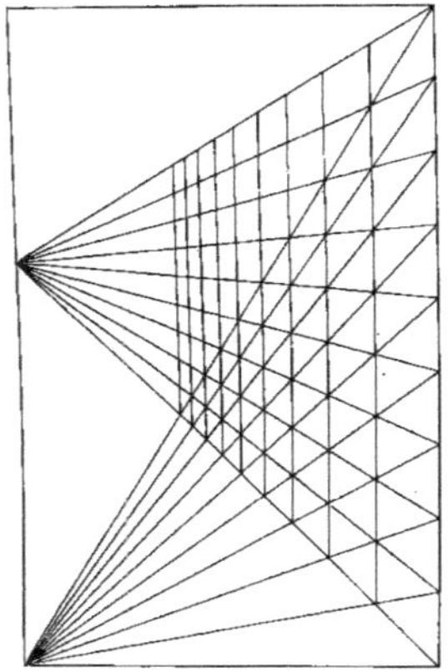

Imp. Lemercier et Cie

G. Masson Editeur

E. Pérot sc.

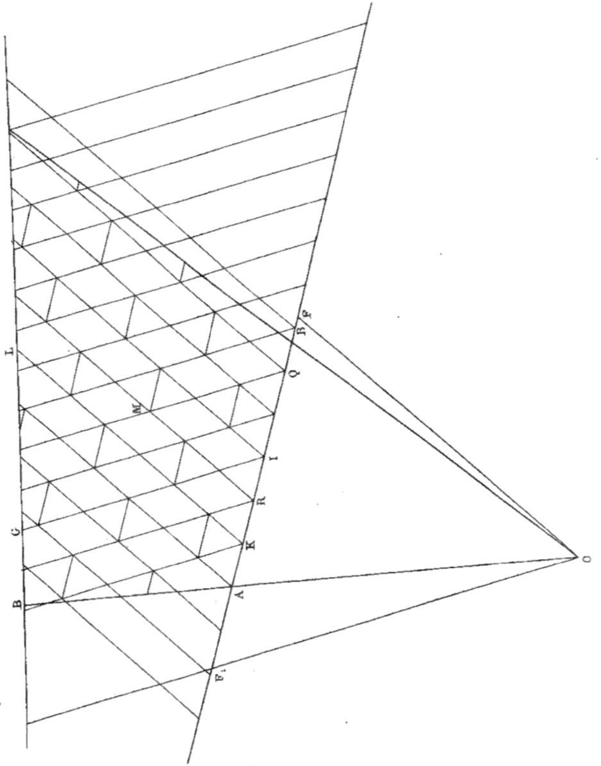

Fig. 162

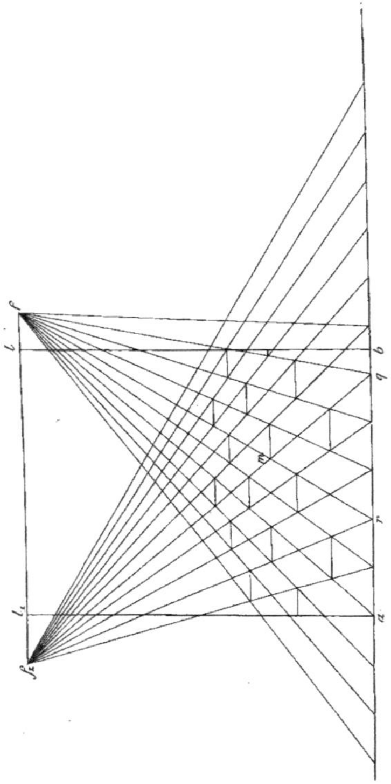

Fig. 163

Imp. Lemercier et Cie.

G. Masson Editeur

E. Pérot sc.